定期テスト 超直前でも 平均＋10点 ワーク

中2 理科

文英堂

はじめに

中学の定期テストって？

部活や行事で忙しい！

中学校生活は，部活動で帰宅時間が遅くなったり，土日に活動があったりと，まとまった勉強時間を確保するのが難しいことがあります。

テスト範囲が広い！

また，定期テストは「中間」「期末」など時期にあわせてまとめて行われるため範囲が広く，さらに，一度に5教科や9教科のテストがあるため，勉強する内容が多いのも特徴です。

だけど…

中2の学習が，中3の土台になる！

中2で習うことの積み上げや理解度が，中3さらには高校での学習内容の土台となります。

高校入試にも影響する！

中3だけではなく，中1・中2の成績が内申点として高校入試に影響する都道府県も多いです。

忙しくてやることも多いし…，
時間がない！

テスト直前になってしまったら
何をすればいいの！？

テスト直前でも，
重要ポイント＆超定番問題だけを
のせたこの本なら，
爆速で得点アップできる！

本書の特長と使い方

この本は，**とにかく時間がない中学生**のための，
定期テスト対策のワークです。

1. ☑基本をチェック でまずは基本をおさえよう！

テストに出やすい基本的な**重要用語を穴埋(あなう)め**にしています。
空欄(くうらん)を埋めて，大事なポイントを確認しましょう。

2. 10点アップ！↗ の超定番問題で得点アップ！

超定番の頻出(ひんしゅつ)問題を，**テストで問われやすい形式**でのせています。
わからない問題はヒントを読んで解いてみましょう。

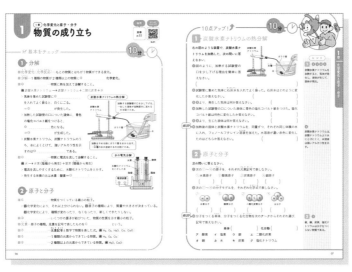

答え合わせ はスマホでさくっと！

その場で簡単に，赤字解答入り誌面が見られます。（くわしくはp.04へ）

ふろく 重要用語のまとめ

巻末に中2理科の重要用語をまとめました。
学年末テストなど，1年間のおさらいがさくっとできます。

"さくっとマルつけ"システムについて

● 本文のタイトル横の**QR**コードを，お手持ちのスマートフォンやタブレットで読み取ると，そのページの解答が印字された状態の誌面が画面上に表示されます。別冊の「解答と解説」を確認しなくても，その場ですばやくマルつけができます。

\ QRコードはここ! /

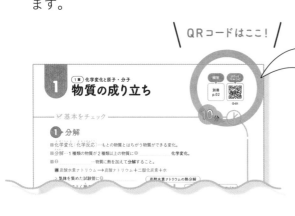

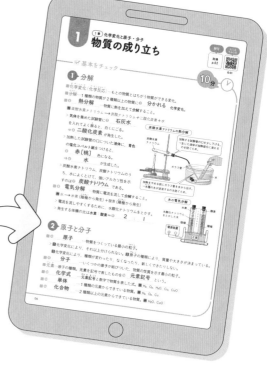

くわしい解説は，
別冊 解答と解説 を確認!

● まちがえた問題は， 📖解説 をしっかり読んで確認しておきましょう。

● ⚠️ミス注意! も合わせて読んでおくと，テストでのミス防止につながります。

● 「さくっとマルつけシステム」は無料でご利用いただけますが，通信料金はお客様のご負担となります。● すべての機器での動作を保証するものではありません。● やむを得ずサービス内容に変更が生じる場合があります。● QRコードは㈱デンソーウェーブの登録商標です。

もくじ

1

物質の成り立ち

解答 別冊 p.02　さくっとマルつけ 　G-01

☑ **基本をチェック**

10分

1 分解

■**化学変化（化学反応）**…もとの物質とはちがう物質ができる変化。

■**分解**…1種類の物質が2種類以上の物質に❶_____化学変化。

■❷_____…物質に熱を加えて**分解**すること。

例 炭酸水素ナトリウム ⟶ 炭酸ナトリウム＋二酸化炭素＋水

> **気体を集めた試験管に**❸_____
> を入れてよく振ると，白くにごる。
> ⇒❹_____が発生した。

> 加熱した試験管の口についた**液体**に，**青色
> の塩化コバルト紙**をつけると，
> ❺_____色になる。
> ⇒❻_____が生成した。

> 炭酸水素ナトリウム，炭酸ナトリウムのう
> ち，水によくとけて，強いアルカリ性を示
> すのは❼_____である。

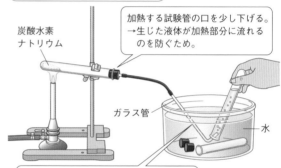

炭酸水素ナトリウムの熱分解

炭酸水素ナトリウム

加熱する試験管の口を少し下げる。
→生じた液体が加熱部分に流れる
のを防ぐため。

ガラス管

水

加熱をやめる前にガラス管を水から出す。
→水槽の水が逆流するのを防ぐため。

■❽_____…物質に電流を流して**分解**すること。

例 水 ⟶ 水素（**陰極**から発生）＋酸素（**陽極**から発生）

> 電流を流しやすくするために，水酸化ナトリウムをとかす。

> 発生する体積の比は**水素：酸素**＝❾_____：_____

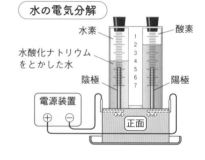

水の電気分解

水素　酸素
水酸化ナトリウム
をとかした水
陰極　陽極

電源装置 ⊕ ⊖

正面

2 原子と分子

■❿_____…物質をつくっている最小の粒子。

> ❶化学変化により，それ以上分けられない。❷原子の種類により，質量や大きさが決まっている。
> ❸化学変化により，種類が変わったり，なくなったり，新しくできたりしない。

■⓫_____…いくつかの**原子**が結びついた，物質の性質を示す最小の粒子。

■**元素**…原子の種類。元素を記号で表したものを⓬_____という。

■⓭_____…**元素記号**と数字で物質を表した式。**例** H_2, O_2, H_2O, Cu, CuO

■⓮_____…1種類の元素からできている物質。**例** H_2, O_2, Cu

■⓯_____…2種類以上の元素からできている物質。**例** H_2O, CuO

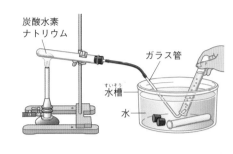

10点アップ！

1 炭酸水素ナトリウムの熱分解

右の図のような装置で，炭酸水素ナトリウムを加熱した。次の問いに答えなさい。

❶ 図のように，加熱する試験管の口を少し下げる理由を簡単に答えなさい。

（　　　　　　　　　　　　　　　　　　　　　　　）

❷ 試験管に集めた気体に石灰水を入れてよく振った。石灰水はどのように変化したか答えなさい。　　（　　　　　　　　　　　　　　）

❸ ❷より，発生した気体は何か答えなさい。　　（　　　　　　　　）

❹ 加熱した試験管の口についた液体に青色の塩化コバルト紙をつけた。塩化コバルト紙は何色に変化したか答えなさい。　　（　　　　　　　　　）

❺ ❹より，生じた液体は何か答えなさい。　　（　　　　　　　　）

点UP ❻ 加熱後の固体と炭酸水素ナトリウムを，同量ずつ，それぞれ同じ体積の水に入れ，フェノールフタレイン溶液を加えた。水溶液が濃い赤色に変化したのはどちらか答えなさい。　　（　　　　　　　　　　　）

2 原子と分子

次の問いに答えなさい。

❶ 次の①〜④の原子を，それぞれ元素記号で表しなさい。

①水素原子　　②酸素原子　　③炭素原子　　④銀原子

（　　　）　　（　　　）　　（　　　）　　（　　　）

❷ 次の①〜④の分子モデルを，それぞれ化学式で表しなさい。

①
水素分子

② 酸素分子

③
二酸化炭素分子

④
水分子

（　　　）　　（　　　）　　（　　　）　　（　　　）

点UP ❸ 分子をつくる単体，分子をつくる化合物を次の**ア〜ク**からそれぞれ選び，記号で答えなさい。

単体（　　　　　　　）　　化合物（　　　　　　　）

ア 酸素　　イ 塩素　　ウ 銀　　エ 二酸化炭素

オ 銅　　カ 水　　キ 炭素　　ク 塩化ナトリウム

1章 化学変化と原子・分子

物質の結びつきと化学反応式

解答

別冊 p.02

さくっと マルつけ

G-02

✓ 基本をチェック

10分

① 物質どうしが結びつく化学変化

■**物質どうしが結びつく化学変化**…2種類以上の物質が結びついて，もとの物質とは異なる物質ができる。

> 例 水素＋酸素 ⟶ ❶＿＿＿＿＿＿＿

> 右の図のように，水素と酸素の混合気体に点火すると，**青色の** ❷＿＿＿＿＿＿＿ が，**赤色（桃色）**になる。

> 例 鉄＋硫黄 ⟶ ❸＿＿＿＿＿＿＿

> 鉄粉7gと硫黄の粉末4gの混合物を，2本の試験管A，Bに分けて入れる。試験管Bの混合物の上部を加熱し，赤く色が変わりはじめたら加熱をやめる。

> ⇒加熱をやめても，発生した ❹＿＿＿＿＿＿＿ で反応が続く。

> 試験管A，Bに磁石を近づける。

> ⇒磁石についたのは，試験管 ❺＿＿＿＿＿＿。

> 試験管A，Bの中身に，**うすい塩酸**を加える。

> ⇒試験管 ❻＿＿＿＿ では，においのない**水素**が発生。

> ⇒試験管 ❼＿＿＿＿ では，特有のにおい（腐卵臭）の**硫化水素**が発生。

> **鉄**と**硫黄**が結びついて，鉄でも硫黄でもない ❽＿＿＿＿＿＿＿ ができる。

水素と酸素の反応

水素と酸素の
混合気体

塩化
コバルト紙

鉄と硫黄の反応

脱脂綿

試験管A

試験管B

鉄と硫黄の
混合物

② 化学反応式

■❾＿＿＿＿＿＿＿…化学変化を，**化学式**を使って表した式。

> 例 ・**鉄と硫黄の反応**…$Fe + S \longrightarrow FeS$　　・**銅と硫黄の反応**…$Cu + S \longrightarrow CuS$

> ・**水の電気分解**…$2H_2O \longrightarrow 2H_2 + O_2$　　・**酸化銀の熱分解**…$2Ag_2O \longrightarrow 4Ag + O_2$

化学反応式のつくり方

❶ ⟶ の左右に，反応前，反応後の物質を書く。	例 水素＋酸素 ⟶ 水
❷ 物質を ❿＿＿＿＿＿ で表す。	$H_2 + O_2 \longrightarrow H_2O$
❸ H_2O の係数を2にして ⓫＿＿＿＿ の数を合わせる。	$H_2 + O_2 \longrightarrow 2H_2O$
❹ H_2 の係数を2にして ⓬＿＿＿＿ の数を合わせる。	$2H_2 + O_2 \longrightarrow 2H_2O$

1 水素と酸素の反応

右の図のように，袋に入った水素と酸素の混合気体に点火すると，青色の塩化コバルト紙が赤色に変化した。次の問いに答えなさい。

水素と酸素の混合気体
塩化コバルト紙

❶ この実験でできた物質の名前を答えなさい。　（　　　　　　）

点UP ❷ この実験で起こった化学変化を，化学反応式で表しなさい。　（　　　　　　　　　　）

2 鉄と硫黄の混合物の加熱

右の図のように，鉄7gと硫黄4gの混合物を試験管A，Bに分け，試験管Aはそのままにし，試験管Bを加熱した。次の問いに答えなさい。

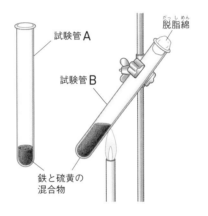

試験管A
試験管B
脱脂綿
鉄と硫黄の混合物

点UP ❶ 試験管Aと加熱後の試験管Bに磁石を近づけると，それぞれ磁石につくか，つかないか答えなさい。

試験管A（　　　　　）
試験管B（　　　　　）

点UP ❷ 試験管Aと加熱後の試験管Bにうすい塩酸を加えると，どちらからも気体が発生した。発生した気体のにおいとして適切なものを次のア〜ウから1つ選び，記号で答えなさい。　（　　　）

ア　A，Bとも，においのある気体が発生した。
イ　Aはにおいのない気体が，Bはにおいのある気体が発生した。
ウ　Aはにおいのある気体が，Bはにおいのない気体が発生した。

❸ 加熱後の試験管Bにできた物質の名前を答えなさい。　（　　　　　　）

3 化学反応式

水の電気分解を化学反応式で正しく表したものを，次のア〜エから1つ選び，記号で答えなさい。　（　　　）

ア　$H_2 + O \longrightarrow H_2O$
イ　$H_2O \longrightarrow H_2 + O$
ウ　$H_2O \longrightarrow H_2 + O_2$
エ　$2H_2O \longrightarrow 2H_2 + O_2$

ヒント

1 ❶
塩化コバルト紙の色の変化から考える。

❷
化学反応式は，→の左側と右側で，原子の種類と数が同じになるようにする。この場合，→の左側と右側で，Hの数，Oの数が同じになるようにする。

2 ❶
磁石につくのは鉄の性質である。

❷
試験管Aでは水素，試験管Bでは硫化水素が発生する。

❸
鉄と硫黄が結びついてできた物質である。化学反応式は，
$Fe + S \longrightarrow FeS$

3
→の左側が反応前，右側が反応後の物質である。→の左右で原子の種類と数が同じものをさがす。

酸素がかかわる化学変化

☑ 基本をチェック

10分

1 酸化

■❶＿＿＿＿＿＿＿…物質が酸素と結びつく化学変化。

> ❷＿＿＿＿＿＿＿…酸化によってできる物質。

> ❸＿＿＿＿＿＿＿…物質が熱や光を出しながら激しく酸化されること。

例 スチールウールの燃焼…鉄＋酸素 ⟶ ❹＿＿＿＿＿＿＿

> 加熱後の質量は，結びついた酸素の分，加熱前よりふえる。

> 鉄と酸化鉄のうち，黒色で金属光沢がない，電流を通さない，

もろい，うすい塩酸と反応しないのは，❺＿＿＿＿＿＿＿。

⇒鉄と酸化鉄は，性質の異なる別の物質である。

例 マグネシウムの燃焼

…マグネシウム＋酸素 ⟶ ❻＿＿＿＿＿＿＿（白色）

$$2Mg + O_2 \longrightarrow ❼_____$$

例 銅の酸化（加熱）…銅（赤色）＋酸素 ⟶ ❽＿＿＿＿＿＿＿（黒色）

$$2Cu + O_2 \longrightarrow ❾_____$$

例 有機物の燃焼

> 有機物を燃焼すると，有機物にふくまれる❿＿＿＿＿＿と＿＿＿＿＿＿が酸化されて，二酸化炭素

と水ができる。

金属の燃焼

光や熱が出る。

スチールウール　　マグネシウム

2 還元

■⓫＿＿＿＿＿＿＿…酸化物が酸素をうばわれる化学変化。

> 酸化と還元は同時に起こる。

例 酸化銅と炭素の混合物の加熱

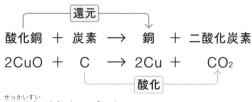

> 石灰水が白くにごった。

⇒炭素が⓬＿＿＿＿＿＿されて，⓭＿＿＿＿＿＿になった。

> 加熱後の赤色の物質を薬さじでこすると金属光沢を示した。

⇒酸化銅が⓮＿＿＿＿＿＿されて，⓯＿＿＿＿＿＿になった。

酸化銅の還元

酸化銅と炭素の混合物

ゴム管

ピンチコック

ガラス管

石灰水

10点アップ！

1 スチールウールの加熱

スチールウールに火をつけた後，右の図のようにガラス管で息をふきこみながら燃やした。次の問いに答えなさい。

スチールウール

アルミニウムはく　　ガラス管

点UP
❶ 燃やした後の物質とスチールウールをうすい塩酸に入れた。気体がさかんに発生したのはどちらか答えなさい。　　（　　　　　　　）

❷ 燃やした後にできた物質の名前を答えなさい。（　　　　　　　）

2 有機物の燃焼

乾いた集気びんの中でろうそくを燃やすと，集気びんの内側がくもった。次の問いに答えなさい。

❶ 集気びんの内側がくもったのは，何という物質ができたからか答えなさい。（　　　　　　　）

点UP
❷ この実験では❶の物質のほかに二酸化炭素が発生した。❶の物質や二酸化炭素が発生したのは，ろうに何原子がふくまれているからか。次のア～エから2つ選び，記号で答えなさい。（　　　　　　　）

ア　窒素原子　イ　炭素原子　ウ　水素原子　エ　酸素原子

3 酸化銅と炭素の混合物の変化

右の図のように酸化銅と炭素の混合物を加熱すると，気体が発生して石灰水が白くにごり，赤色の物質が残った。次の問いに答えなさい。

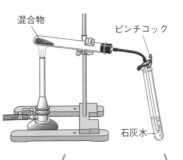

混合物　　ピンチコック

石灰水

❶ 加熱後に残った赤色の物質は何か答えなさい。（　　　　　　　）

❷ 発生した気体は何か答えなさい。（　　　　　　　）

点UP
❸ この実験で起こった変化を次のようにまとめた。A，Bにあてはまる化学変化をそれぞれ答えなさい。　A（　　　　　　）　B（　　　　　　）

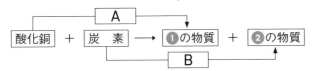

酸化銅　＋　炭素　→　❶の物質　＋　❷の物質

ヒント

1 ❶
鉄は塩酸と反応して水素を発生する。

❷
鉄と空気中の酸素が結びついて別の物質に変化した。

2 ❷
ろうに成分としてふくまれているものが空気中の酸素と結びついて❶の物質や二酸化炭素ができた。

3 ❷
石灰水の変化から考える。

❸
炭素は酸素をうばい，酸化銅は酸素をうばわれる。

1章　化学変化と原子・分子

11

化学変化と物質の質量

解答 別冊 p.04

さくっとマルつけ

G-04

✔ 基本をチェック

10分

❶ 質量保存の法則

■❶＿＿＿＿＿＿＿＿＿…化学変化（かがくへんか）の前後で物質全体の**質量は変化しない**こと。

＞ 化学変化の前後で，原子の組み合わせは変わるが，**原子の種類と数は変わらない**から。

■**沈殿（ちんでん）ができる反応**

例 うすい硫酸（りゅうさん）＋うすい水酸化バリウム水溶液（すいようえき）

＞ ❷＿＿＿＿＿＿＿＿ができる。反応の前後で，

全体の質量は ❸＿＿＿＿＿＿。

■**気体が発生する反応**

例 うすい塩酸＋炭酸水素ナトリウム

＞ ❹＿＿＿＿＿＿＿＿が発生する。

＞ **容器を密閉（みっぺい）する場合**…反応の前後で，

全体の質量は ❺＿＿＿＿＿＿。

＞ **容器を密閉しない場合**…発生した気体が空気

中に出ていくため，反応後の質量は

❻＿＿＿＿＿＿。

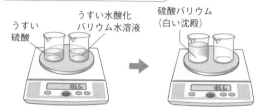

沈殿ができる反応の全体の質量

うすい硫酸　うすい水酸化バリウム水溶液　硫酸バリウム（白い沈殿）

186.6ℊ　186.6ℊ

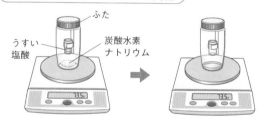

気体が発生する反応の全体の質量

ふた　うすい塩酸　炭酸水素ナトリウム

73.5ℊ　73.5ℊ

❷ 2つの物質が結びつくときの質量の割合

■**一定量の金属と結びつく酸素の質量**

＞ 金属を加熱すると，結びついた ❼＿＿＿＿＿＿の分だ

け質量がふえる。

＞ 一定量の金属と結びつく酸素の質量には限界がある。

■**結びつくときの質量の割合**

＞ 2つの物質が結びつくとき，それぞれの物質の質量の比は

❽＿＿＿＿＿＿になる。

例 銅＋酸素…2Cu＋O₂ → 2CuO

＞ 銅の粉末を十分に加熱し，反応前後の質量の変化を調べる。

＞ 銅と結びつく酸素の質量は，銅の質量に ❾＿＿＿＿＿＿。

＞ 質量の比は，銅：酸素＝❿＿＿＿＿：＿＿＿＿

例 マグネシウム＋酸素…2Mg＋O₂ → 2MgO

＞ 質量の比は，マグネシウム：酸素＝⓫＿＿＿＿：＿＿＿＿

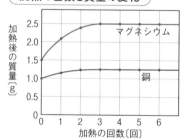

加熱の回数と質量の変化

加熱後の質量〔g〕

マグネシウム

銅

加熱の回数〔回〕

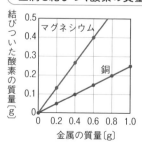

金属と結びつく酸素の質量

結びついた酸素の質量〔g〕

マグネシウム

銅

金属の質量〔g〕

1 沈殿ができる反応の質量変化

右の図のように，別々の容器に入れたうすい硫酸とうすい水酸化バリウム水溶液を混合すると，反応の前後で質量は変化しなかった。次の問いに答えなさい。

うすい硫酸　うすい水酸化バリウム水溶液

点UP ❶ 2つの水溶液を混合すると，どのような変化が見られるか答えなさい。　（　　　　　　　　　）

❷ 下線部のように，化学変化の前後で物質全体の質量が変わらないことを，何の法則というか答えなさい。　（　　　　　　　　　）

2 気体が発生する反応の質量変化

右の図のように，密閉容器にうすい塩酸と炭酸水素ナトリウムを入れ，容器全体の質量をはかった後，ふたをしたまま容器を傾けて反応させた。次の問いに答えなさい。

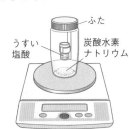

ふた
うすい塩酸　炭酸水素ナトリウム

❶ この実験で発生する気体は何か答えなさい。

（　　　　　　　）

❷ 反応前の容器全体の質量は73.6gであった。反応後の容器全体の質量を次のア〜ウから1つ選び，記号で答えなさい。　（　　　　　）

ア　73.6gより小さい。　　イ　73.6g　　ウ　73.6gより大きい。

点UP ❸ 反応後，ふたをあけて再び全体の質量をはかった。このときの質量を，❷のア〜ウから1つ選び，記号で答えなさい。　（　　　　　）

点UP 3 化学変化の質量の割合

右の図は，銅の粉末を質量が変わらなくなるまで加熱したときの，銅の質量とできた酸化銅の質量の関係を表したものである。次の問いに答えなさい。

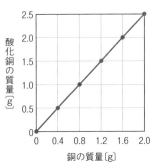

❶ 銅1.2gと結びつく酸素の質量は，最大で何gか求めなさい。　（　　　　　　　）

❷ 銅の質量と，結びつく酸素の質量の比を，最も簡単な整数の比で答えなさい。

銅：酸素＝（　　　　　　　）

5

(1章) 化学変化と原子・分子

化学変化と熱

解答
別冊
p.05

さくっと
マルつけ

G-05

☑ 基本をチェック

10分

1 発熱反応

■化学変化が起こるときには，❶＿＿＿＿＿＿＿＿の出入りがともなう。

■❷＿＿＿＿＿＿＿…化学変化が起こるとき，

熱を発生して温度が上がる反応。

物質A ＋ … ⟶ 物質B ＋ …

例 鉄と硫黄の反応（→p.08）

…鉄＋硫黄 ⟶ ❸＿＿＿＿＿＿＿

例 化学かいろのしくみ

…鉄＋❹＿＿＿＿＿＿ ⟶ 酸化鉄

> 鉄粉と活性炭を混ぜ，食塩水を数滴たらしてかき混ぜると，

温度が上がる。

⇒活性炭と食塩水…反応を起こし❺＿＿＿＿＿＿する。

例 加熱式弁当のしくみ

…酸化カルシウム（生石灰）＋水 ⟶ 水酸化カルシウム

例 燃料（石油や天然ガスなど）の燃焼

…有機物＋酸素 ⟶ ❻＿＿＿＿＿＋水＋…

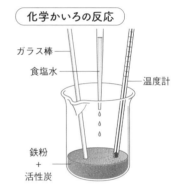

化学かいろの反応

ガラス棒

食塩水

温度計

鉄粉
＋
活性炭

2 吸熱反応

■❼＿＿＿＿＿＿＿…化学変化が起こるとき，

周囲の熱を吸収して温度が下がる反応。

熱

物質A ＋ … ⟶ 物質B ＋ …

例 アンモニアが発生する反応

…水酸化バリウム＋塩化アンモニウム ⟶ 塩化バリウム＋❽＿＿＿＿＿＋水

> 水酸化バリウムと塩化アンモニウムをビーカー

に入れよくかき混ぜると，温度が下がる。

⇒ぬれたろ紙をかぶせるのは，アンモニアを

ビーカーの外に出さないため。

例 炭酸水素ナトリウム（重曹）とクエン酸の反応

…炭酸水素ナトリウム＋クエン酸

⟶ 二酸化炭素など

アンモニアが発生する反応

ぬれたろ紙

温度計

ガラス棒

水酸化
バリウム

塩化アン
モニウム

1 化学変化と熱の出入り①

図1のように，ビーカーに鉄粉と活性炭を
入れ，食塩水を少量加えてガラス棒でかき
混ぜると，温度が上がった。次の問いに答
えなさい。

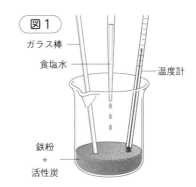

図1

ガラス棒　食塩水　温度計　鉄粉＋活性炭

点UP ❶ この実験で，鉄粉は何と反応したか。次
のア〜ウから1つ選び，記号で答えな
さい。　　　　　　　（　　　　）

　ア　活性炭　　イ　食塩水　　ウ　酸素

❷ この実験で温度が上がったのは，化学変化が起こるときに熱を発生したか
らか，熱を吸収したからか，答えなさい。

　　　　　　　　　　　（　　　　　　　　　　　）

❸ 図2の市販のかいろは，内側の袋の中に
鉄粉や活性炭などが入っており，外側の袋
をあけないと冷たいままであたたまらない。
その理由を簡単に答えなさい。

図2　外側の袋　かいろ　内側の袋

（　　　　　　　　　　　　　　　　　　　）

点UP ## 2 化学変化と熱の出入り②

右の図のように，ビーカーに水酸化バリウ
ムと塩化アンモニウムを入れて混ぜ合わせ
ると，気体が発生した。次の問いに答えな
さい。

温度計　ガラス棒　ぬれたろ紙　水酸化バリウムと塩化アンモニウム

❶ 2つの薬品を混ぜ合わせたとき，まわ
りの温度はどうなるか。次のア〜ウか
ら1つ選び，記号で答えなさい。

（　　　　）

　ア　上がる。　　イ　下がる。　　ウ　下がらない。

❷ 発生した気体を次のア〜エから1つ選び，記号で答えなさい。（　　　　）

　ア　酸素　　イ　二酸化炭素　　ウ　水素　　エ　アンモニア

❸ この実験で起こった化学変化は，発熱反応か，吸熱反応か答えなさい。

（　　　　）

ヒント

1 ❸
市販のかいろは，図1
の実験のしくみを利用
したものである。

2 ❷
発生した気体は水にと
けやすく，刺激臭があ
り，有毒なため，ぬれ
たろ紙をかぶせて，で
きるだけビーカーの外
に出ないようにする。

1章　化学変化と原子・分子

1

2章 生物のからだのつくりとはたらき

細胞のつくりと生物のからだ

解答 別冊 p.05

さくっとマルつけ

G-06

☑ 基本をチェック

10分

① 細胞のつくりとはたらき

■顕微鏡…倍率＝接眼レンズの倍率×対物レンズの倍率

> ❶ 直射日光が当たらない水平で明るいところに置く。

> ❷ 接眼レンズ→対物レンズの順にとりつける。

> ❸ 反射鏡としぼりを動かして視野全体を明るくする。

> ❹ プレパラートをステージにのせ，横から見ながら調節ねじを回し，対物レンズとプレパラートをできるだけ近づける。

> ❺ 接眼レンズをのぞいて，対物レンズとプレパラートを❸＿＿＿＿＿＿＿＿ながらピントを合わせる。

> 対物レンズの倍率を高くすると，視野の範囲は❹＿＿＿＿＿＿＿，明るさは❺＿＿＿＿＿＿＿なる。

■動物と植物の細胞に共通のつくり

> 染色液によく染まるまるい❻＿＿＿＿＿＿＿がある。

> 核のまわりに細胞質があり，細胞質のいちばん外側に❼＿＿＿＿＿＿＿がある。

■植物の細胞に特徴的なつくり

> 細胞膜の外側に❽＿＿＿＿＿＿＿がある。

> 光合成を行う緑色の❾＿＿＿＿＿＿＿がある。

> 袋状のつくりの液胞がある。

■細胞呼吸（細胞による呼吸，細胞の呼吸，内呼吸）

> 細胞内で酸素を使って栄養分を分解し，生きるために必要な⓬＿＿＿＿＿＿＿をとり出すこと。

> ⇒分解により⓭＿＿＿＿＿＿＿と水が発生する。

② 単細胞生物と多細胞生物

■⓮＿＿＿＿＿＿＿…からだが１つの細胞でできている生物。例 ゾウリムシ，アメーバ

■⓯＿＿＿＿＿＿＿…からだが多数の細胞からできている生物。例 ミジンコ，ヒト

> 形やはたらきが同じ細胞が集まって組織をつくり，いくつかの組織が集まって特定のはたらきをもつ⓰＿＿＿＿＿＿＿をつくる。いくつかの器官が集まって個体となる。

ステージ上下式顕微鏡

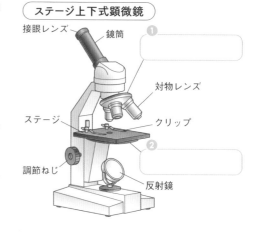

接眼レンズ　鏡筒　①

対物レンズ

ステージ　クリップ

調節ねじ　反射鏡　②

動物の細胞のつくり

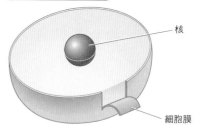

核

細胞膜

植物の細胞のつくり

⑩

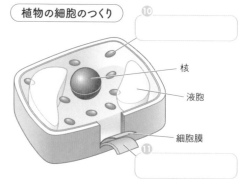

核

液胞

細胞膜

⑪

16

1 顕微鏡の使い方

右の図の顕微鏡(けんびきょう)について，次の問いに答えなさい。

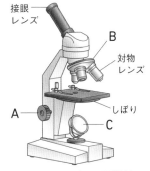

接眼レンズ
B
対物レンズ
A
しぼり
C

❶ 視野全体が均一に明るく見えるようにするためには，しぼりとどの部分を動かせばよいか。図のA〜Cから１つ選び，記号で答えなさい。また，その部分の名前を答えなさい。

記号（　　　）名前（　　　　　　）

❷ 接眼レンズに「15×」，対物レンズに「20」と書かれているとき，顕微鏡の倍率は何倍か求めなさい。

（　　　　　　）

点UP ❸ 対物レンズの倍率を高くして観察すると，視野の範囲(はんい)と明るさはそれぞれどうなるか答えなさい。

範囲（　　　　　　）明るさ（　　　　　　）

2 細胞のつくり

右の図は，動物の細胞(さいぼう)と植物の細胞(もしきてき)を模式的に表したものである。次の問いに答えなさい。

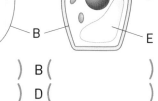

動物の細胞　　植物の細胞
C
A
D
B
E

❶ A〜Dのつくりをそれぞれ何というか答えなさい。

A（　　　　　　）B（　　　　　　）
C（　　　　　　）D（　　　　　　）

❷ 染色液(せんしょくえき)によく染(そ)まるつくりはどれか。図のA〜Eから１つ選び，記号で答えなさい。

（　　　　　　）

点UP ❸ AとC以外の部分をまとめて何というか答えなさい。（　　　　　　）

3 細胞のはたらき

細胞が栄養分からエネルギーをとり出すはたらきを表した右の図のX，Yにあてはまる気体名と，このはたらきを何というか，それぞれ答えなさい。

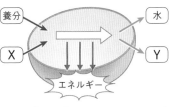

養分
X
水
Y
エネルギー

X（　　　　　　）Y（　　　　　　）

はたらき（　　　　　　）

ヒント

1 ❷
顕微鏡の倍率は，「接眼レンズの倍率」と「対物レンズの倍率」をかけると求められる。

2 ❷
動物の細胞と植物の細胞に共通するつくりの１つである。

3
多細胞生物(たさいぼうせいぶつ)では，XやYの気体を呼吸によってまとめてとり入れたり，出したりしている。

2章 生物のからだのつくりとはたらき

光合成と呼吸

解答
別冊
p.06

さくっと
マルつけ

G-07

☑ 基本をチェック

10分

1 光合成

■ ❶＿＿＿＿＿＿…植物が光を受けて，水と ❷＿＿＿＿＿＿から，デンプンなどの栄養分を

つくるはたらき。このとき，酸素が放出される。

> 細胞の中の ❸＿＿＿＿＿＿に光が当たると行われる。

■ **光合成に必要な条件**

1 ふ入りの葉の一部を，光を通さない

　ようにアルミニウムはくでおおい，

　光をよく当てる。

2 あたためたエタノールにひたして，

　❹＿＿＿＿＿＿する。

3 水洗いしてヨウ素液にひたす（青紫色は，❺＿＿＿＿＿＿ができた証拠）。

> 葉の緑色の部分はデンプンができ，ふの部分はデンプンができない。

　⇒光合成には ❻＿＿＿＿＿＿が必要。

> アルミニウムはくでおおった部分は，デンプンができない。

　⇒光合成には ❼＿＿＿＿＿＿が必要。

■ **光合成で使われる気体**

1 タンポポの葉を入れた試験管A，何も入れていない試験管Bの両方に

　息をふきこみ，ゴム栓をして光を当てる。

2 30分後，それぞれの試験管に石灰水を入れ，ゴム栓をしてよく振る。

> Bの石灰水は白くにごるが，Aの石灰水はにごらない。

　⇒植物が**光合成**を行うと，❽＿＿＿＿＿＿が使われる。

> ❾＿＿＿＿＿＿…調べたいこと以外の条件を同じにして行う実験。

ふ入りの葉の光合成

ふの部分　　ヨウ素液

アルミニウムはく　熱湯　エタノール

デンプンができた部分

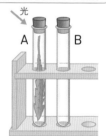

光合成で使われる気体

光

A　B

2 呼吸

■ ❿＿＿＿＿＿…生物が**酸素**をと

り入れ，二酸化炭素を出すはたらき。

> **昼間**…光合成と呼吸を行う。

> **夜間**…⓫＿＿＿＿＿＿を行う。

光合成と呼吸による気体の出入り

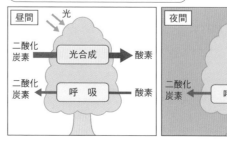

昼間　光

二酸化炭素　光合成　酸素

二酸化炭素　呼吸　酸素

夜間

二酸化炭素　呼吸　酸素

10点アップ！

1 光合成のしくみ

次の図は、光合成のしくみを模式的に表したものである。あとの問いに答えなさい。

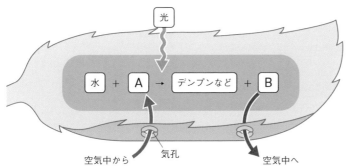

光

水 ＋ A → デンプンなど ＋ B

空気中から　気孔　　　空気中へ

❶ 光合成は細胞の何というつくりで行われるか答えなさい。

（　　　　　　　　　）

❷ A，Bにあてはまる物質はそれぞれ何か答えなさい。

A （　　　　　　　　　）

B （　　　　　　　　　）

点UP ❸ 光合成を行っているとき、呼吸は行っているか、行っていないか答えなさい。

（　　　　　　　　　）

2 光合成で使われる気体

タンポポの葉を入れた試験管Aと何も入れていない試験管Bを用意し、両方に息をふきこんでゴム栓をしてから光に当てた。30分後、それぞれの試験管に石灰水を入れ、ゴム栓をしてよく振った。次の問いに答えなさい。

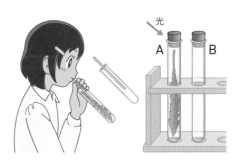

光

A　B

❶ 石灰水が白くにごったのは、A，Bのどちらの試験管か答えなさい。

（　　　　　　　　　）

点UP ❷ 実験の結果から、植物が光合成を行うときに何という気体が使われることがわかるか答えなさい。

（　　　　　　　　　）

❸ この実験で試験管Bを用意したように、調べようとすること以外の条件を同じにして行う実験を何というか答えなさい。

（　　　　　　　　　）

ヒント

1 ❶
光合成は、細胞内にたくさん見られる緑色の粒で行われる。

2 ❶
石灰水は二酸化炭素があると白くにごる。

❸
試験管Bを用意したのは、二酸化炭素が減ったのは植物のはたらきによることを確かめるためである。

2章　生物のからだのつくりとはたらき

葉・茎・根のはたらき

解答 別冊 p.07　さくっと マルつけ　G-08

✓ 基本をチェック　　　　　　　　　　　　　10分

1 葉のつくりとはたらき

■葉のつくり

> **表皮**…葉の表面に並ぶ1層の細胞。

> 根から吸収した水や水にとけた**養分**が通る
　管を❶＿＿＿＿＿＿＿という。

> 葉でつくられた**栄養分**が運ばれる管を
　❷＿＿＿＿＿＿＿という。

> ❸＿＿＿＿＿＿＿…道管と師管の集まり。
　⇒**葉脈**は，葉の維管束である。

■❹＿＿＿＿＿＿＿…吸い上げた水が植物のか
らだの表面から**水蒸気**となって出ていくこと。

> 蒸散は，主に2つの三日月形の**孔辺細胞**に囲まれた
　❼＿＿＿＿＿＿＿というすきまを通して起こる。
　⇒**水蒸気の出口，二酸化炭素**と**酸素**の出入口。

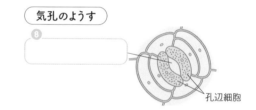

葉の断面のようす

細胞　葉緑体　❹＿＿＿＿　表皮　表側

維管束　気孔　❺＿＿＿＿　表皮　裏側

気孔のようす

❽＿＿＿＿　孔辺細胞

2 茎や根のつくりとはたらき

■茎…必要な物質を運ぶ。葉や花を支える。

> 茎と葉・根の**維管束**はつながっている。

> 茎の断面では，**双子葉類**の維管束は輪のように並び，**単子葉類**の維管束は全体に散らばる。

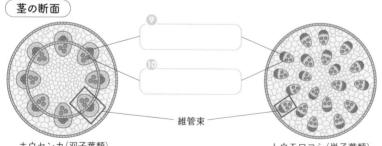

茎の断面

❾＿＿＿＿＿　❿＿＿＿＿

維管束

ホウセンカ（双子葉類）　トウモロコシ（単子葉類）

■根…水や水にとけた養分を吸収する。からだを支える。

> 根の先端にある細い毛のような部分を⓫＿＿＿＿＿＿＿という。
　⇒根が土とふれる面積が大きくなり，水や水にとけた養分を効率よく吸
　収できる。

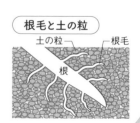

根毛と土の粒

土の粒　根毛　根

1 葉のはたらき

ほぼ同じ大きさの葉で，枚数がそろっている枝A，Bを用意し，Aには葉の表，Bには葉の裏にワセリンをぬった。次に，水の量をはかって試験管に入れ，枝をさしてそれぞれ水面に油を注いだ。これを明るく風通しのよいところにしばらく置いた後，水の減少量を調べた。表はその結果を示したものである。次の問いに答えなさい。

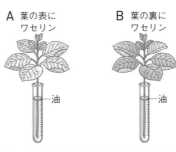

A 葉の表にワセリン　　B 葉の裏にワセリン

油

	水の減少量
A	1.8mL
B	0.7mL

ヒント

1 ❸
ワセリンをぬった部分は，❷のつくりがふさがれて，水蒸気が出ることができなくなる。

❶ この実験は，植物の何というはたらきを調べるための実験か答えなさい。
（　　　　　　　）

❷ 根から吸い上げられた水は，葉の何というつくりから水蒸気として放出されるか答えなさい。
（　　　　　　　）

点UP ❸ この実験から，❷のつくりは葉の表側と裏側のどちらに多いと考えられるか答えなさい。
（　　　　　　　）

2 茎のつくりとはたらき

右の図は，茎の断面の一部を表したものである。次の問いに答えなさい。

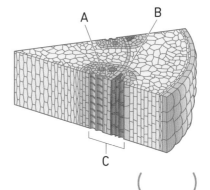

A　B

C

2 ❶
Aの管には，根から吸収した水や水にとけた養分が通る。

❶ AとBの管をそれぞれ何というか答えなさい。

A（　　　　　　　）
B（　　　　　　　）

❷ 葉でつくられた栄養分の通り道はAとBのどちらか答えなさい。
（　　　　）

❸ AとBが集まったCの部分を何というか答えなさい。
（　　　　　　　）

点UP ❹ 茎を輪切りにしたとき，Cが茎の全体に散らばる植物を，次のア～エから1つ選び，記号で答えなさい。
（　　　　）

ア　ホウセンカ　　　イ　タンポポ
ウ　トウモロコシ　　エ　ヒマワリ

消化と吸収, 排出

解答 別冊 p.07
さくっとマルつけ

G-09

☑ 基本をチェック

10分

❶ 消化と吸収

■ 消化…栄養分を分解して, 吸収しやすい物質に変えること。

> 口→食道→胃→小腸→大腸→肛門 とつながる1本の管を❶＿＿＿＿＿＿という。

> 食物は消化管を通る間に❷＿＿＿＿＿＿のはたらきにより消化される。 例 だ液

> 胆汁以外の消化液には❸＿＿＿＿＿＿がふくまれている。 例 アミラーゼ

> 消化酵素は, それぞれ決まった物質にはたらく。

消化液	
だ液	だ液せんから出る。**アミラーゼ**をふくむ。
胃液	胃から出る。**ペプシン**をふくむ。
胆汁	肝臓でつくられ, 胆のうにたくわえられる。
すい液	すい臓でつくられる。**アミラーゼ, トリプシン, リパーゼ**をふくむ。

消化のしくみ

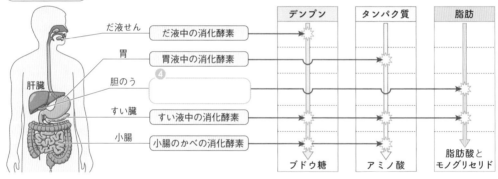

■ ❺＿＿＿＿＿＿…消化された栄養分が体内にとり入れられること。

■ ❻＿＿＿＿＿＿…小腸の壁のひだにある無数の突起。

> 栄養分は主に**柔毛**で吸収される。ひだや柔毛があることで, **小腸**の❼＿＿＿＿＿＿が大きくなり, 栄養分を効率よく吸収できる。

> ブドウ糖とアミノ酸は, 柔毛で吸収されて❽＿＿＿＿＿＿に入り, 肝臓を通って全身の細胞に運ばれる。脂肪酸とモノグリセリドは, 柔毛で吸収された後, 再び脂肪になって❾＿＿＿＿＿＿に入る。

柔毛のつくり

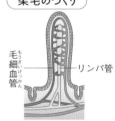

毛細血管
リンパ管

❷ 排出

■ ❿＿＿＿＿＿…体内に生じる不要な物質を体外に出すこと。

> **タンパク質**が分解してできる有害な**アンモニア**は, **肝臓**で無害な⓫＿＿＿＿＿＿に変えられ, **じん臓**でこし出されて尿となり, **輸尿管**を通って⓬＿＿＿＿＿＿にためられ**排出**される。

排出にかかわる器官

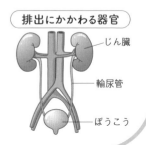

じん臓
輸尿管
ぼうこう

1 消化のしくみ

だ液のはたらきを調べる次の実験について，あとの問いに答えなさい。

〔実験〕**1**図1のように，試験管Aにはデンプン溶液とうすめただ液を，試験管Bにはデンプン溶液と水を入れ，40℃の湯に10分間つけた。

2図2のように，**1**の溶液をそれぞれ2つに分け，aとcにはヨウ素液を入れ，bとdにはベネジクト液を入れて<u>ある操作</u>を行い色の変化を見た。表は，この結果を示したものである。

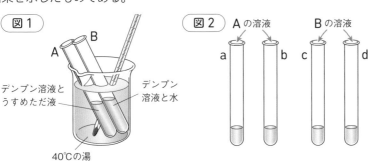

図1 / 図2 Aの溶液 Bの溶液 a b c d

デンプン溶液とうすめただ液 / デンプン溶液と水 / 40℃の湯

ヨウ素液の変化		ベネジクト液の変化	
a	c	b	d
変化なし	変化あり	変化あり	変化なし

❶下線部のある操作とは何か答えなさい。　　　（　　　　　　　）

❷デンプンが残っているものをa〜dからすべて選び，記号で答えなさい。

（　　　　　　　）

点UP ❸この実験からわかるだ液のはたらきを簡単に答えなさい。

（　　　　　　　　　　　　　　　　　　　　　　　　　）

2 吸収のしくみ

右の図は，小腸の壁のひだにある突起を模式的に表したものである。次の問いに答えなさい。

❶図の突起を何というか答えなさい。

（　　　　　　　）

❷アミノ酸が入るのはXとYのどちらか答えなさい。　　　　　　（　　　　　）

点UP ❸図の突起がたくさんあることで，効率よく栄養分を吸収できる理由を簡単に答えなさい。

（　　　　　　　　　　　　　　　　　　　　）

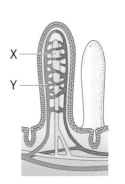

X
Y

ヒント

1 ❷
デンプンにヨウ素液を加えると青紫色になる。

❸
ベネジクト液は，麦芽糖など（ブドウ糖がいくつかつながったもの）に反応する。

2 ❷
Xはリンパ管，Yは毛細血管である。

2章 生物のからだのつくりとはたらき

10点アップ！ 10分

5 呼吸，血液の循環

解答 別冊 p.08
さくっとマルつけ
G-10

基本をチェック

10分

1 呼吸

■肺による呼吸

> 肺は**気管**が枝分かれした**気管支**と，その先についた❶＿＿＿＿＿＿＿＿＿という小さな袋が集まってできている。

> **肺胞**に**毛細血管**が網の目のように張りめぐらされており，空気中の酸素は肺胞で血液にとりこまれ，血液中の❷＿＿＿＿＿＿＿＿＿は肺胞の中に出される。

肺のつくり

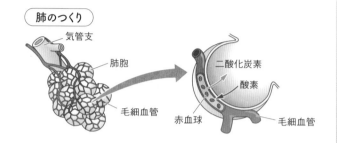

気管支
肺胞
毛細血管
二酸化炭素
酸素
赤血球
毛細血管

2 血液の循環

■血液の成分…固形成分（赤血球，白血球，血小板）と液体成分（血しょう）がある。

> 赤血球…❸＿＿＿＿＿＿＿＿＿という赤い物質をふくみ，酸素を全身に運ぶ。

> 白血球…ウイルスや細菌を分解する。

> 血小板…出血したときに血液を固める。

> ❹＿＿＿＿＿＿＿＿＿…栄養分や不要物を運ぶ。

血液の成分

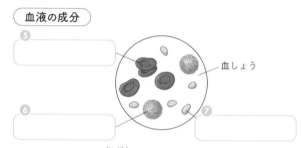

❺＿＿＿＿＿＿
血しょう
❻＿＿＿＿＿＿
❼＿＿＿＿＿＿

■❽＿＿＿＿＿＿＿＿＿…血しょうの一部が毛細血管からしみ出して細胞のまわりを満たした液。細胞と血液の間で，物質の受けわたしのなかだちをする。

■**心臓**…4つの部屋（**右心房，右心室，左心房，左心室**）がある。

■❿＿＿＿＿＿＿＿＿＿…心臓から送り出される血液が流れる血管。壁が厚く弾力がある。 例 肺動脈，大動脈

■⓬＿＿＿＿＿＿＿＿＿…心臓にもどる血液が流れる血管。壁はうすく血液の逆流を防ぐ**弁**がある。 例 肺静脈，大静脈

心臓のつくり

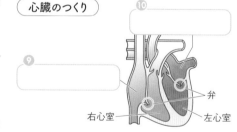

❿＿＿＿＿
❾＿＿＿＿＿
弁
右心室
左心室

■血液の循環

> ⓭＿＿＿＿＿＿＿＿＿…心臓（右心室）→**肺動脈**→肺→**肺静脈**→心臓（左心房）

> ⓮＿＿＿＿＿＿＿＿＿…心臓（左心室）→大動脈→肺以外の全身→大静脈→心臓（右心房）

> 酸素を多くふくむ血液を⓯＿＿＿＿＿＿＿＿＿，二酸化炭素を多くふくむ血液を⓰＿＿＿＿＿＿＿＿＿という。

1 肺のつくり

右の図は，肺のつくりの一部を模式的（もしき）に表したものである。次の問いに答えなさい。

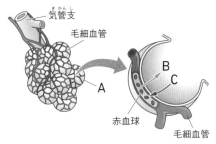

気管支（きかんし）
毛細血管
B
C
A
赤血球
毛細血管

❶ 毛細血管（もうさいけっかん）が網（あみ）の目のように張りめぐらされているAを何というか答えなさい。

(　　　　　)

❷ 血液中から出されるBの気体と，血液にとりこまれるCの気体はそれぞれ何か答えなさい。

B (　　　　) C (　　　　)

ヒント

1 ❷
Bは細胞呼吸（さいぼうこきゅう）でできる気体，Cは細胞呼吸で使われる気体である。

2章 生物のからだのつくりとはたらき

2 血液の循環

右の図は，血液と細胞（さいぼう）での物質の受けわたしを模式的に表したものである。次の問いに答えなさい。

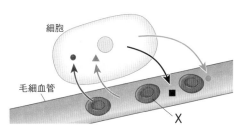

細胞
毛細血管
X

点UP ❶ 血しょう（けっ）の一部がしみ出し，細胞のまわりを満たしている液を何というか答えなさい。

(　　　　　)

❷ 血液の成分Xを何というか答えなさい。

(　　　　　)

❸ 図中の▲が表しているものは何か。次の**ア～ウ**から1つ選び，記号で答えなさい。

(　　　)

ア　酸素　　イ　栄養分　　ウ　不要な物質

❹ 右の図は，血液が全身をめぐるようすを模式的に表したものである。

① 心臓→D→からだの各部→B→心臓の経路を何というか答えなさい。

(　　　　　)

② 動脈血（どうみゃくけつ）が流れる静脈（じょうみゃく）を図のA～Cから1つ選び，記号で答えなさい。

(　　　)

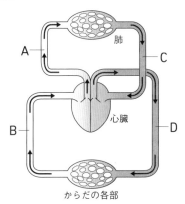

A
肺
C
B
心臓
D
からだの各部

2 ❷
血液の固形成分で，ヘモグロビンとよばれる赤い物質をふくむ。

❹
酸素を多くふくむ血液を動脈血，二酸化炭素を多くふくむ血液を静脈血（じょうみゃくけつ）という。また，心臓から送り出される血液が流れる血管を動脈（どうみゃく），心臓にもどる血液が流れる血管を静脈という。

刺激と反応，骨と筋肉

解答 別冊 p.09
さくっとマルつけ
G-11

☑ 基本をチェック

10分

1 刺激と反応

■❶＿＿＿＿＿＿＿…外界から刺激を受けとる器官。刺激を受けとる**感覚細胞**がある。

＞目…❷＿＿＿＿＿の刺激を，感覚細胞がある❸＿＿＿＿＿で受けとる。

＞耳…❹＿＿＿＿＿の刺激を，感覚細胞がある❺＿＿＿＿＿で受けとる。

目のつくり

目に入る光の量を調節する。
虹彩
レンズ（水晶体）
光を屈折させる。
感覚細胞がある。
網膜
神経

耳のつくり

耳小骨
鼓膜の振動をうずまき管に伝える。
神経
うずまき管
音の振動をとらえる。
鼓膜
感覚細胞がある。

■**神経系**…**中枢神経**と**末しょう神経**を合わせたもの。

＞神経には，**脳やせきずい**からなる❻＿＿＿＿＿，

そこから枝分かれして全身に広がる❼＿＿＿＿＿がある。

⇒**末しょう神経**には，**感覚器官**からの信号を**中枢神経**に伝える❽＿＿＿＿＿，

中枢神経からの命令の信号を**運動器官**に伝える❾＿＿＿＿＿がある。

■**意識して起こす反応**

例 手をにぎられたので，にぎり返した。

⇒ 刺激 →感覚器官→感覚神経→せきずい→脳→せきずい→運動神経→運動器官→ 反応

■**無意識に起こる反応**

＞刺激に対して無意識に起こる反応を❿＿＿＿＿という。

例 熱いものにふれたとき，熱いと感じる前に手をひっこめた。

⇒ 刺激 →感覚器官→感覚神経→せきずい→⓫＿＿＿＿＿→運動器官→ 反応

2 骨と筋肉のはたらき

■**骨格と筋肉**…骨格と

⓬＿＿＿＿＿がはたらき合うことで運動できる。

＞骨につく筋肉は両端が**けん**になっていて⓭＿＿＿＿＿をまたいで2つの骨についている。

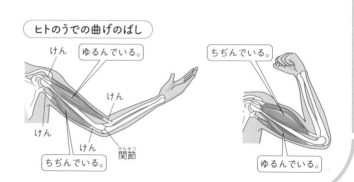

ヒトのうでの曲げのばし

けん
ゆるんでいる。
けん
けん
けん
ちぢんでいる。
関節
ちぢんでいる。
ゆるんでいる。

10点アップ！ ↗ 10分 🕐

1 目と耳のつくり

図1は目のつくりを，図2は耳のつくりを模式的に表したものである。あとの問いに答えなさい。

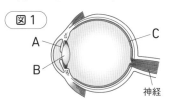
図1

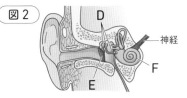
図2

❶B，C，E，Fのつくりをそれぞれ何というか答えなさい。

B（　　　　　）　C（　　　　　）
E（　　　　　）　F（　　　　　）

❷図1で，光の刺激を受けとる細胞があるのはどこか。図のA～Cから選び，記号で答えなさい。　（　　　　）

❸図2で，音の刺激を受けとる細胞があるのはどこか。図のD～Fから選び，記号で答えなさい。　（　　　　）

❹目や耳のように，刺激を受けとる器官を何というか答えなさい。
（　　　　）

2 刺激と反応

右の図は，ヒトが刺激を受けとってから反応するまでの信号が伝わる経路を模式的に表したものである。図内の矢印は，刺激の信号が伝わる向きを表している。次の問いに答えなさい。

❶脳やせきずいからなる神経を何というか答えなさい。
（　　　　）

❷Fが表している神経を何というか答えなさい。　（　　　　）

点UP ❸「握手したら強くにぎってきたので，力いっぱいにぎり返した」という反応をしたとき，刺激や命令の信号はどのように伝わるか。Gをはじめとして，信号が伝わる順に図のA～Hの記号を並べて表しなさい。同じ記号を何回使ってもよい。

（ G →　　　　　）

A
脳

B C
D

せきずい

E F
G H

感覚器官　　運動器官

ヒント

1 ❷
入ってきた光が像を結ぶ場所でもある。

2 ❸
「力いっぱいにぎり返せ」と運動器官に命令を出すのは脳である。

2章 生物のからだのつくりとはたらき

1

3章 天気とその変化

空気中の水の変化

解答
別冊
p.10

さくっと
マルつけ

G-12

☑ **基本をチェック**

10分

1 ▶ 空気中にふくまれる水蒸気

■ ❶＿＿＿＿＿＿＿＿＿…1 m^3 の空気がふくむことができる水蒸気の最大質量〔g/m^3〕。

> 温度が高いほど，❷＿＿＿＿＿＿なる。

■ **凝結**（ぎょうけつ）…水蒸気の一部が水滴（すいてき）に変わる現象。

■ ❸＿＿＿＿＿＿＿…空気中の水蒸気が冷やされて，水滴に変わり始めるときの温度。

■ **露点の測定**（ろてん）

1 気温をはかった後，くみ置きの水を金属製のコップに入れ，**水温 T_1 をはかる。**

⇒くみ置きの水を使うのは，水温と気温を同じにするため。

2 氷を入れた試験管をコップの水の中に入れて水温を下げ，コップの表面がくもり始めたときの**水温 T_2 をはかる。**

> **水温 T_1 が 25℃，水温 T_2 が 15℃のとき，露点は ❹＿＿＿＿℃** である。

■ ❺＿＿＿＿＿＿…空気の湿（しめ）りけの度合い。

> 飽和水蒸気量（ほうわすいじょうきりょう）に対する空気 1 m^3 中にふくまれる水蒸気の割合を％で表す。

> 湿度（しつど）〔％〕＝ $\dfrac{\text{空気1}m^3\text{中にふくまれる水蒸気量〔}g/m^3〕}{\text{その空気と同じ気温での ❻＿＿＿＿＿〔}g/m^3〕} \times 100$

2 ▶ 雲のでき方

■ **雲**…小さな水滴や粒（つぶ）の集まり。

■ **雲のでき方**

1 空気のかたまりが上昇（じょうしょう）する。

2 上空ほど気圧（きあつ）が ❼＿＿＿＿＿ので，空気が ❽＿＿＿＿＿する。

3 空気の温度が下がり，❾＿＿＿＿＿に達すると，水蒸気が水滴に変化する。

4 さらに上昇すると，氷の粒ができる。

■ ❿＿＿＿＿＿…地表付近の空気が冷やされ，空気中の水蒸気が水滴に変化して，地表付近に浮（う）かぶ現象。

露点の測定

温度計　氷を入れた試験管

金属製のコップ

雲のでき方

氷の粒

さらに膨張（ぼうちょう）して気温が下がる。

雲

水滴

露点に達する

水蒸気

気圧が低くなるにつれて，膨張する。

空気のかたまり

上昇する。

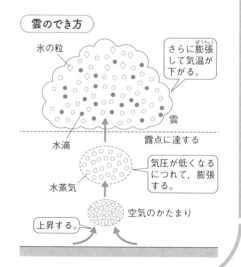

10点アップ！↗ 10分

1 空気中にふくまれる水蒸気

気温が24℃の教室で，金属製のコップにくみ置きの水を入れ，氷を入れた試験管で水温を下げていくと，水温が16℃になったときにコップの表面がくもり始めた。下の表は，気温と飽和水蒸気量を示したものである。あとの問いに答えなさい。

温度計
氷を入れた試験管
金属製のコップ

気温〔℃〕	8	12	16	20	24
飽和水蒸気量〔g/m³〕	8.3	10.7	13.6	17.3	21.8

❶ この実験で，くみ置きの水を使う理由を簡単に答えなさい。
(　　　　　　　　　　　　　　　　　　　　　　)

❷ 教室の空気の露点は何℃か答えなさい。　(　　　　　　)

❸ 教室の空気1m³にふくまれている水蒸気は何gか求めなさい。
(　　　　　　)

点UP ❹ 教室の空気の湿度は何％か。小数第1位を四捨五入して整数で求めなさい。
(　　　　　　)

❺ 教室の気温を8℃まで下げると，空気1m³あたり何gの水滴が出てくるか求めなさい。
(　　　　　　)

2 雲のでき方

フラスコ内をぬるま湯でぬらして線香のけむりを少量入れ，右の図のような装置をつくり注射器のピストンをすばやく引くとフラスコ内が白くくもった。次の問いに答えなさい。

❶ フラスコ内をぬるま湯でぬらした理由を簡単に答えなさい。

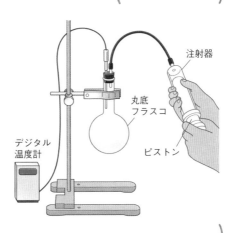

注射器
丸底フラスコ
デジタル温度計
ピストン

(　　　　　　　　　　　　　　　　　　　　　　)

点UP ❷ 次の文の①～③にあてはまる語や数値をそれぞれ答えなさい。

　ピストンを引くとフラスコ内の空気が(　①　)して温度が下がる。その結果，フラスコ内の空気の温度が(　②　)より低くなり，空気中の水蒸気が水滴に変わりフラスコ内がくもる。このときのフラスコ内の空気の湿度は(　③　)％である。

① (　　　　　　) ② (　　　　　　) ③ (　　　　　　)

ヒント

1 ❷
空気中の水蒸気が冷やされて，水滴に変わり始めるときの温度が露点である。

❹
湿度〔％〕＝
空気1m³中の水蒸気量〔g/m³〕 / 飽和水蒸気量〔g/m³〕 ×100

❺
ふくみきれなくなった水蒸気が水滴になって出てくる。

2 ❶
ぬるま湯でぬらすとくもりやすくなる。

❷❸
露点に達したときの空気1m³中の水蒸気量は，飽和水蒸気量と等しい。

3章 天気とその変化

2 ③章 天気とその変化
気象の観測

解答
別冊
p.11

さくっと
マルつけ

G-13

☑ 基本をチェック

10分

1 圧力

■❶ _____…面を垂直に押す単位面積（1 m² など）あたりの力の大きさ。

> $圧力 〔Pa〕 = \dfrac{面を垂直に押す力 〔N〕}{力がはたらく面積 〔m^2〕}$ ⇒面積が小さいほど圧力は大きくなる。

■❷ _____…空気の重さで生じる圧力。単位は❸_____〔Pa〕。

> 大気圧はあらゆる向きからはたらく。標高が高いほど大気圧は❹_____。

2 気象観測

■気象要素…雲量，気温，湿度，気圧，風向，風力など。

雲量と天気

雲量	0〜1	2〜8	9〜10
天気	快晴	晴れ	くもり

天気記号

天気	快晴	晴れ	くもり	雨	雪
記号	○	◑	◎	●	⊗

> 気温…地上から約❺_____ m の高さで，温度計に直射日光を当てずにはかる。
> 湿度…乾湿計の乾球と湿球の示す温度の差を読みとり，湿度表を使って求める。
> 気圧…気圧計で測定する。単位はヘクトパスカル〔hPa〕。1 気圧＝約❻_____ hPa
> 風向…風のふいてくる方向。16方位。
> 風力…風力階級表を用いて，0〜12の
　　　❼_____ 段階で表す。

天気図記号

| 風向：北東の風 |
| 風力：3 |
| 天気：くもり |

風向…矢ばねの向きで表す
❽_____
…矢ばねの数で表す
天気…天気記号で表す

3 天気の変化，気圧と風

■❾ _____…気圧が等しい地点を結んだ曲線。

> 1000hPa を基準にして 4hPa ごとに引く。❿_____ hPa ごとに太線を引く。

■気圧と風

> 風は気圧が高いところから低いところへふき，等圧線の間隔がせまいほど強い風がふく。

■⓫ _____…等圧線が閉じていて，まわりより気圧が高いところ。

> 中心部は⓬_____ 気流で，時計回りに風がふきだす。⇒晴れが多い。

■⓭ _____…等圧線が閉じていて，まわりより気圧が低いところ。

> 中心部は⓮_____ 気流で，反時計回りに風がふきこむ。⇒くもりや雨が多い。

10点アップ！⤴

10分 ✓

1 圧力

右の図のように，質量600gの直方体の物体をスポンジの上にのせてスポンジのへこみ方を調べた。100gの物体にはたらく重力の大きさを1Nとして，次の問いに答えなさい。

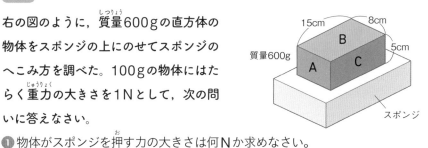

質量600g

15cm　8cm　5cm　B　A　C　スポンジ

❶ 物体がスポンジを押す力の大きさは何Nか求めなさい。

（　　　　　　）

点UP ❷ A〜Cの面を下にして置いたとき，スポンジのへこみ方が最も大きいときの圧力は何Paか求めなさい。

（　　　　　　）

2 気象観測

右の図は乾湿計のようす，表は湿度表を表している。次の問いに答えなさい。

乾球　湿球

❶ 気温は何℃か求めなさい。

（　　　　　　）

点UP ❷ 湿度は何％か求めなさい。

（　　　　　　）

	乾球と湿球の示度の差〔℃〕				
	1.0	2.0	3.0	4.0	5.0
乾球の示度〔℃〕 25	92	84	76	68	61
24	91	83	75	67	60
23	91	83	75	67	59
22	91	82	74	66	58
21	91	82	73	65	57
20	90	81	72	64	56

3 気圧と風

右の図は，ある日の北半球の天気図の一部を表している。次の問いに答えなさい。

❶ A地点の気圧を単位をつけて答えなさい。

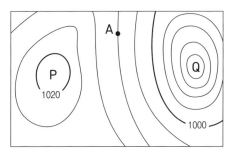

A・　P 1020　Q　1000

（　　　　　　）

❷ P，Q付近での空気の流れを表しているものを，次の**ア〜エ**から1つずつ選び，記号で答えなさい。　　P（　　　）　Q（　　　）

ア 　　**イ** 　　**ウ** 　　**エ**

❸ 晴れやすいのはP，Qのどちらか答えなさい。

（　　　　　　）

ヒント

1 ❶

$$圧力（Pa）＝\frac{力（N）}{面積（m^2）}$$

❷

力の大きさが同じとき，圧力は，面積に反比例する。

2 ❶

乾球の温度を読む。

❷

乾球と湿球の示度の差を計算し，湿度表で湿度を読む。

3 ❶

等圧線は4hPaごとに引かれている。

❷

まわりより気圧が高いところが高気圧，まわりより気圧が低いところが低気圧である。高気圧の中心では下降気流，低気圧の中心では上昇気流が生じている。

3章 天気とその変化

3

3章 天気とその変化

前線と天気の変化

解答
別冊 p.12

さくっと マルつけ

G-14

☑ 基本をチェック

10分

1 気団と前線

■❶ _____ …性質が一様な空気のかたまり。

> 冷たい空気の**寒気団**，あたたかい空気の**暖気団**がある。

■前線面…寒気と暖気の境界面。

■前線…**前線面**と地表面が交わる線。

> ❹ _____ …**寒気**が暖気の下にもぐりこみ，

暖気をおし上げながら進む前線。

> 温暖前線…**暖気**が寒気の上にはい上がり，**寒気**をおしやりながら進む前線。

> 閉そく前線…**寒冷前線**が**温暖前線**に追いついてできる前線。

> 停滞前線…寒気と暖気がぶつかり合い，停滞する前線。 例 梅雨前線，秋雨前線

前線面と前線

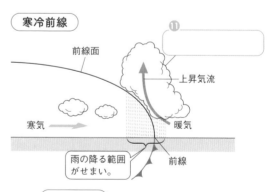

前線の記号

寒冷前線	❺ _____	❻ _____	❼ _____

2 前線の通過による天気の変化

■寒冷前線の通過

> 寒冷前線付近では，寒気が暖気をおし上げて強い上昇気流が生じ，❽ _____ が発達するため，強い雨がせまい範囲に短時間降る。

> 寒冷前線の通過後，❾ _____ 寄りの風に変わり，気温が❿ _____ 。

■温暖前線の通過

> 温暖前線付近では，暖気が寒気の上にはい上がり広い範囲に⓬ _____ や高層雲などの層状の雲ができるため，⓭ _____ 雨が⓮ _____ 範囲に⓯ _____ 時間降る。

> 温暖前線の通過後，南寄りの風に変わり，気温が上がる。

寒冷前線

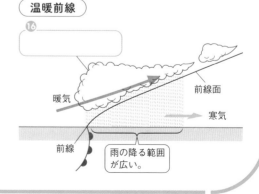

温暖前線

1 気団と前線

右の図は，日本付近の低気圧を表している。次の問いに答えなさい。

❶ 図中のA，Bの前線の名前をそれぞれ答えなさい。

A（　　　　　）

B（　　　　　）

❷ 図中のa〜c地点のうち，地表が暖気におおわれている地点を1つ選び，記号で答えなさい。

（　　　　　）

点UP ❸ 図の低気圧は，この後，P，Qのどちらに進むことが多いか答えなさい。

（　　　　　）

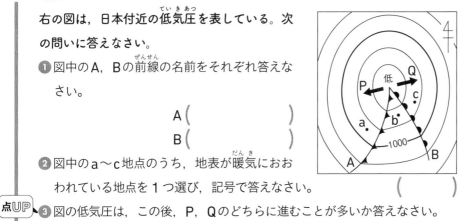

ヒント

1 ❶

前線をともなう日本付近の低気圧は，温帯低気圧である。

❸

温帯低気圧は，偏西風（p.34）の影響を受けて移動する。

2 前線の通過による天気の変化

図1，図2は，温暖前線と寒冷前線のいずれかのようすを表している。次の問いに答えなさい。

❶ 図1，図2のうち，寒冷前線はどちらか。　（　　　　　）

❷ 図1と図2の前線の進む向きは，それぞれ図中のア・イとウ・エのどちらか答えなさい。

図1（　　　　　）

図2（　　　　　）

❸ X，Yの雲の名前をそれぞれ答えなさい。

X（　　　　　）　Y（　　　　　）

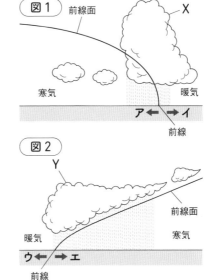

点UP ❹ 図1，図2の前線が通過するときのようすを，それぞれ次のア〜エから1つずつ選び，記号で答えなさい。　　図1（　　　）図2（　　　）

ア　弱い雨が長い時間降り，前線の通過後は気温が上がる。

イ　弱い雨が長い時間降り，前線の通過後は気温が下がる。

ウ　強い雨が短い時間降り，前線の通過後は気温が上がる。

エ　強い雨が短い時間降り，前線の通過後は気温が下がる。

2 ❶

寒冷前線は前線面の傾きが急で，温暖前線は前線面の傾きがゆるやかである。

❸

Xは垂直に発達する雲，Yは広い範囲に層状にできる雲で，どちらも雨を降らせる。

❹

雲のようすや雲のできる範囲から，雨の降り方がわかる。また，前線の通過後に寒気と暖気のどちらにおおわれるかを考える。

3章　天気とその変化

大気の動き

☑ 基本をチェック

⏱ 10分

❶ 海陸風と季節風

■海と陸のあたたまり方

> 陸は海よりもあたたまり❶＿＿＿＿＿＿＿，冷め❷＿＿＿＿＿＿＿。

⇒陸上と海上の気温差で気圧差が生じ，風のふき方が変わる。 例 海陸風，季節風

■海陸風

> ❸＿＿＿＿＿＿＿…晴れた日の**昼**，**海から陸**に向かってふく風。

⇒気温は陸上の方が高くなり，気圧は❹＿＿＿＿＿＿＿の方が高くなるため。

> ❺＿＿＿＿＿＿＿…晴れた日の**夜**，**陸から海**に向かってふく風。

⇒気温は陸上の方が低くなり，気圧は❻＿＿＿＿＿＿＿の方が高くなるため。

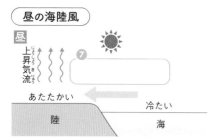
昼の海陸風

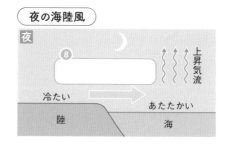
夜の海陸風

■❾＿＿＿＿＿＿＿…大陸と海洋の温度差によって生じる，季節に特徴的な風。

> 夏の季節風…太平洋から大陸へ向かって，⓾＿＿＿＿＿＿＿の季節風がふく。

> 冬の季節風…大陸から太平洋へ向かって，⓫＿＿＿＿＿＿＿の季節風がふく。

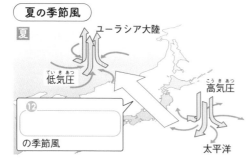
夏の季節風

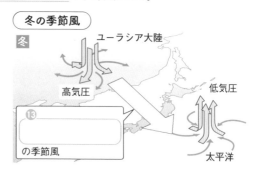
冬の季節風

❷ 大気の動き

■大気の循環…太陽から受ける光のエネルギーは，赤道付近で大きく，極付近で小さい。

⇒緯度によって気温の差が生じ，地球規模で大気が循環する。

■⓮＿＿＿＿＿＿＿…中緯度帯（日本など）の上空にふいている強い西風。

10点アップ！↗

10分

1 海陸風

図1，図2は，海岸付近で，晴れた日の
昼と夜にふく風のようすを表している。
次の問いに答えなさい。

❶図1の風A，図2の風Bを何というか
答えなさい。　A（　　　　　　）
　　　　　　　B（　　　　　　）

❷陸上に上昇気流ができているのは図1，
図2のどちらか答えなさい。

（　　　　　　）

点UP ❸図1，図2は，それぞれ昼と夜のどちらのようすを表しているか答えなさい。

図1（　　　　）図2（　　　　）

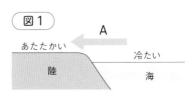

図1

A

あたたかい　　　　　　冷たい
陸　　　　　　海

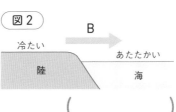

図2

B

冷たい　　　　　　あたたかい
陸　　　　　　海

ヒント

1 ❷

空気があたためられる
と上昇気流ができる。

2 季節風

右の図は，日本付近の季節風を表してい
る。次の問いに答えなさい。

❶夏は，大陸と海洋のどちらの方があた
たかくなるか答えなさい。

（　　　　　　）

❷夏は，図のA，Bは，それぞれ高気圧
と低気圧のどちらになっているか答えなさい。

A（　　　　　）B（　　　　　）

点UP ❸夏の季節風は，図のア，イのどちらの向きにふくか答えなさい。

（　　　）

大陸
A
ア
イ
海洋
B

2 ❷

気温が高い方は気圧が
低くなり，気温が低い
方は気圧が高くなる。

点UP 3 大気の動き

右の図は，地球規模での
大気の循環を表している。
日本が位置する中緯度帯
の上空を西から東に向か
ってふいている，図のX
の風を何というか答えな
さい。

（　　　　　　）

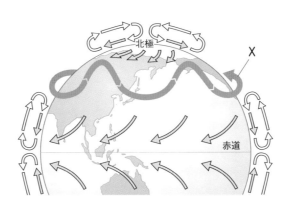

北極
X
赤道

3

Xは強い西風で，この
風の影響により，移動
性高気圧や低気圧は西
から東へ移動するため，
日本の天気は西から東
へ変わることが多い。

3章｜天気とその変化

5

日本の四季の天気

解答
別冊 p.13

さくっと
マルつけ

G-16

☑ 基本をチェック

10分

1 日本付近の気団

■❶＿＿＿＿＿＿＿＿…**冬に発達。冷たく乾燥**している。

■❷＿＿＿＿＿＿＿＿…**夏に発達。あたたかく湿っている。**

■**オホーツク海気団**…**初夏や秋に発達。冷たく湿っている。**

日本付近の気団

❸＿＿＿＿＿＿＿＿　オホーツク海気団

❹＿＿＿＿＿＿＿＿

2 日本の四季の天気

■冬の天気

> シベリア高気圧が発達して大陸上に❺＿＿＿＿＿＿＿＿ができ

る。❻＿＿＿＿＿＿＿＿の気圧配置となり，大陸から冷たく乾

燥した❼＿＿＿＿＿＿＿＿がふく。

> **日本海側**は雪の日，**太平洋側**は乾燥した晴れの日が多い。

冬の季節風と日本付近の天気

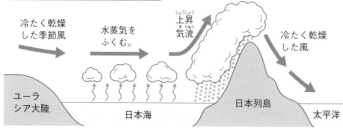

冷たく乾燥した季節風　水蒸気をふくむ。　上昇気流　冷たく乾燥した風
ユーラシア大陸　日本海　日本列島　太平洋

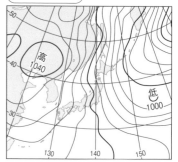

冬の天気図

■春と秋の天気

> ❽＿＿＿＿＿＿＿＿と低気圧が次々に日本付近を通過する

ため，4～7日周期で天気が変わることが多い。

■つゆ（梅雨）

> 初夏のころ，❾＿＿＿＿＿＿＿＿と**小笠原気団**の間に停

滞前線（梅雨前線）ができ，雨やくもりの日が続く。

この時期を❿＿＿＿＿＿＿＿という。

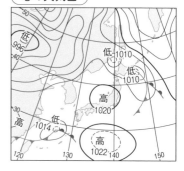

春の天気図

■夏の天気

> **太平洋高気圧**が発達し，日本は**小笠原気団**におおわれ，南の海

上からあたたかく湿った⓫＿＿＿＿＿＿＿＿がふき，蒸し

暑い晴れた日が続く。

■**台風**…最大風速が**17.2m/s以上**になった熱帯低気圧。

⓬＿＿＿＿＿＿＿＿をともなわない。

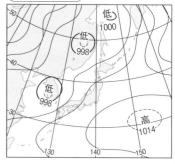

夏の天気図

10分 ✓

1 日本付近の気団

右の図のA〜Cは，日本付近の気団を表している。次の❶，❷の気団をA〜Cから2つずつ選び，記号で答えなさい。

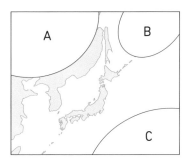

❶冷たい気団 （　　　　　　　）
❷湿っている気団 （　　　　　　　）

2 日本の天気①

右の図の天気図について，次の問いに答えなさい。

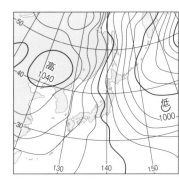

❶図の時期に発達する気団の名前を答えなさい。 （　　　　　　　）

❷図のような気圧配置を何というか答えなさい。 （　　　　　　　）

点UP ❸図の時期の日本海側と太平洋側の天気の特徴を，それぞれ次のア〜エから1つずつ選び，記号で答えなさい。

日本海側（　　　）　　太平洋側（　　　）

ア　乾燥した晴れの日が多い。　　イ　蒸し暑い晴れの日が多い。

ウ　雪の日が多い。　　　　　　　エ　天気が周期的に変わる。

3 日本の天気②

図1は6月，図2は台風の天気図である。あとの問いに答えなさい。

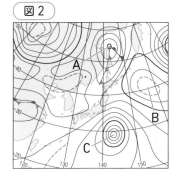

❶図1のXの停滞前線を何というか答えなさい。 （　　　　　　　）

❷図1の時期の日本の天気の特徴を簡単に答えなさい。
（　　　　　　　　　　　　　　　　　　　）

❸図2のA〜Cから台風を選び，記号で答えなさい。 （　　　）

ヒント

1
北の気団は南の気団より冷たい。また，大陸側の気団は乾燥しており，海洋側の気団は湿っている。

2 ❶❷
天気図を見ると，等圧線が南北方向にせまい間隔で並び，冬に特徴的な気圧配置となっている。

❸
大陸からふく冬の季節風は冷たく乾燥しているが，日本海上で水蒸気を多くふくみ，日本列島の山脈にぶつかって雪を降らせる。

3 ❶
秋の停滞前線は，秋雨前線という。

3章 天気とその変化

解答
別冊
p.14

さくっと
マルつけ

G-17

☑ 基本をチェック

10分

1 静電気

■❶_____…摩擦によって物体にたまった電気。

■**電気の性質**

> 電気には＋と－の2種類ある。

> 同じ種類の電気の間には，

❷_____力がはたらく。

> 異なる種類の電気の間には，

❸_____力がはたらく。

> **電気の力（電気力）** は，離れていてもはたらく。

■**静電気の生じるしくみ**

> 一方の物質の－の電気をもつ小さい粒（電子）が，他方の物質に移動することで生じる。

■❹_____…電気が空間を移動したり，たまった電気が流れたりする現象。 例 雷

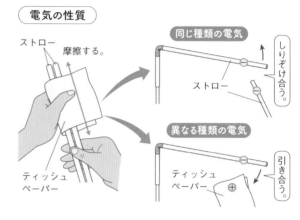

電気の性質

ストロー　摩擦する。

ティッシュ
ペーパー

同じ種類の電気
ストロー
しりぞけ合う。

異なる種類の電気
ティッシュ
ペーパー
引き合う。

2 電流の正体

■**電流の正体**

> 真空放電管の中で，－極から出ている粒子は

❺_____である。

> －極から出ている電子の流れを❻_____

という。

■**電子の流れと電流の向き**

> 電池に金属の導線をつなぐと，導線内の電子は電池の＋極に移動する。

> 電流の正体は，❽_____の流れである。

> 電流の向きは，電子が移動する向きと

❾_____である。

■**放射線**…α線，β線，γ線，X線など。

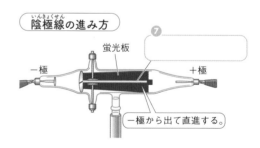

陰極線の進み方

❼_____

蛍光板

－極　　＋極

－極から出て直進する。

電子の移動と電流の向き

電子

電圧を加える。

電子の移動の向き

電流の向き

> 目に見えない，物質を通り抜ける（透過性），原子の構造を変えるなどの性質がある。

> 放射線を出す物質を❿_____という。 例 ウラン

10点アップ！

1 電気の性質

2本のストローA，Bをティッシュペーパーで摩擦した後，右の図のように，自由に動けるようにしたストローAにストローBを近づけた。このときストローAは，Pの方向に動いた。次の問いに答えなさい。

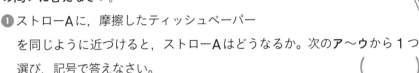

ヒント
1 ❶❷
同じ種類の電気どうしにはしりぞけ合う力がはたらき，異なる種類の電気どうしには引き合う力がはたらく。

❶ ストローAに，摩擦したティッシュペーパーを同じように近づけると，ストローAはどうなるか。次の**ア〜ウ**から1つ選び，記号で答えなさい。　（　　　）

　ア　Pの方向に動く。

　イ　Qの方向に動く。

　ウ　どちらにも動かない。

点UP ❷ ストローAが－の電気を帯びているとすると，ストローBとティッシュペーパーは，それぞれ＋と－のどちらの電気を帯びているか答えなさい。

　　　　　　　　　　　　　　ストローB（　　　　　）

　　　　　　　　　　　ティッシュペーパー（　　　　　）

❸ この実験で，ストローやティッシュペーパーにたまった電気を何というか答えなさい。　（　　　　　）

2 電流の正体

右の図のように，真空放電管の－極と＋極の間に大きな電圧を加えると，蛍光板に光るすじが見えた。次の問いに答えなさい。

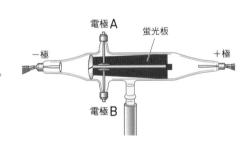

❶ 光るすじをつくる粒の流れを何というか答えなさい。

　　　　（　　　　　　　）

❷ 光るすじは何という粒の流れか答えなさい。　（　　　　　）

点UP ❸ 電極Aが＋極，電極Bが－極になるように電圧を加えると，光のすじはどうなるか。次の**ア〜ウ**から1つ選び，記号で答えなさい。　（　　　　　）

　ア　上に曲がる。

　イ　下に曲がる。

　ウ　まっすぐのまま変化しない。

2 ❸
光るすじをつくる粒は，－の電気をもっている。

回路に流れる電流

解答
別冊
p.14

さくっと
マルつけ

G-18

☑ 基本をチェック

10分

1 回路と電流・電圧

■ 回路…電流が流れる道すじ。

> 1本の道すじでつながっている回路を
❶_____という。

> 道すじが枝分かれしている回路を
❷_____という。

■ 電流…電気の流れ。

単位は❸_____（記号A）やミリアンペア（記号mA）。

■ ❹_____…電流を流そうとするはたらき。単位はボルト（記号V）。

電流計と電圧計の使い方

> はかりたい部分に，電流計は❺_____，電圧計は❻_____につなぐ。

> 電流や電圧の大きさが予想できないときは，最大値の－端子（5A，300V）につなぐ。

電気用図記号			
電池または 直流電源	電球	スイッチ	抵抗器または 電熱線
─┤├─	⊗	／	─▭─
電流計	電圧計	導線の交わり （接続するとき）	導線の交わり （接続しないとき）
Ⓐ	Ⓥ	┼•	┼

回路と電流・電圧

直列回路

・電流の大きさはどの部分でも等しい。
$$I_1 = I_2 = I_3$$

・各部分に加わる電圧の大きさの和は，電源の電圧の大きさに等しい。
$$V = V_1 + V_2$$

並列回路

・枝分かれした部分の電流の大きさの和は，全体の電流の大きさに等しい。
$$I_1 = I_2 + I_3 = I_4$$

・各部分に加わる電圧の大きさは同じで，電源の電圧の大きさに等しい。
$$V = V_1 = V_2$$

2 電流・電圧と抵抗

■ 電気抵抗（抵抗）…電流の流れにくさ。

単位は❼_____（記号❽_____）。

■ ❾_____…電熱線を流れる電流の大きさは，電圧の大きさに比例するという法則。

抵抗〔Ω〕＝電圧〔V〕÷電流〔A〕

■ **全体の抵抗R**（各抵抗の大きさがR_1，R_2のとき）

> 直列回路…$R = R_1 + R_2$　並列回路…$\dfrac{1}{R} = \dfrac{1}{R_1} + \dfrac{1}{R_2}$

■ 導体…電流が流れやすい物質。例 金属

■ ❿_____…電流がきわめて流れにくい物質。例 ガラス，ゴム

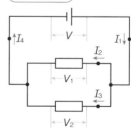

電圧と電流の関係

電流〔A〕

電熱線a

電熱線b

電圧〔V〕

原点を通る直線になる。
↓
比例している。

同じ電圧で電流が小さい。
↓
抵抗が大きい。

1 回路と電流

乾電池，豆電球，スイッチをつないで，右の図の回路をつくった。次の問いに答えなさい。

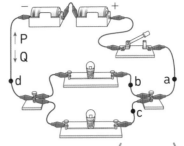

❶ 図のような回路を，何回路というか答えなさい。

（　　　　　）

❷ 電流が流れる向きは，P，Qのどちらか答えなさい。

（　　　　　）

点UP ❸ 点aを流れる電流の大きさが0.60A，点bを流れる電流の大きさが0.26Aのとき，点c，点dを流れる電流の大きさはそれぞれ何Aか求めなさい。

点c（　　　　　）　点d（　　　　　）

❹ 上の回路の回路図として正しいものを，次のア～ウから1つ選び，記号で答えなさい。

（　　　　　）

ア 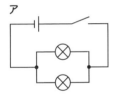　イ 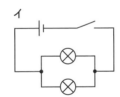　ウ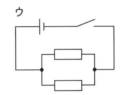

ヒント

1 ❸

枝分かれした部分の電流の大きさの和は，全体の電流の大きさと等しい。

2 電流・電圧と抵抗

電熱線A，Bを使って，右の図の回路をつくった。電源装置の電圧を6.0Vにして，スイッチを入れると，電流計は400mA，電圧計は2.0Vを示した。次の問いに答えなさい。

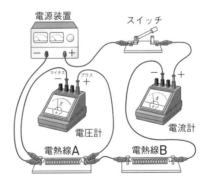

❶ 電熱線Bに加わる電圧の大きさは何Vか求めなさい。

（　　　　　）

❷ 電熱線A，Bの抵抗の大きさはそれぞれ何Ωか求めなさい。

A（　　　　　）　B（　　　　　）

点UP ❸ 回路全体の抵抗の大きさは何Ωか求めなさい。

（　　　　　）

2 ❷

オームの法則の式にあてはめて求める。

$$抵抗（Ω）＝\frac{電圧（V）}{電流（A）}$$

4章 電流とそのはたらき

電気エネルギーの利用

☑ **基本をチェック**

10分

① 電気エネルギーと電力

■ 電気エネルギー…電気がもつエネルギーで，いろいろなはたらきをする。

例 光を発生させる，熱を発生させる，音を発生させる，物体を動かす

■ ❶_____…1秒あたりに使われる電気エネルギーの大きさ。消費電力ともいう。

単位は ❷_____（記号W）。

> 電力〔W〕= ❸_____〔V〕×電流〔A〕

> 1Wは，1Vの電圧を加えて ❹_____Aの電流が流れたときの電力。

⇒100V-500Wの電気器具に100Vの電圧を加えると ❺_____Wの電力を消費する。

> 電力が大きくなるほど，熱や光が発生する量や運動の変化が ❻_____なる。

② 熱量・電力量

■ ❼_____…物体に出入りする熱の量。単位は ❽_____〔J〕。

> 熱量〔J〕= ❾_____〔W〕×時間〔s〕

> 1Wの電力で，電流を1秒間流すと，❿_____Jの熱量が発生する。

> 電流によって発生する熱量は，電力の大きさと電流を流した時間に比例する。

■ 電力の大きさと水の温度変化

> 発泡ポリスチレンのカップに水を入れ，3種類の電熱線を用いて電流を流した時間と水の上昇温度の関係をグラフに表した。

> 電力が一定のとき

…水の上昇温度は，電流を流した時間に

⓫_____する。

> 電流を流す時間が一定のとき

…電熱線から発生する熱量は，⓬_____の大きさに比例する。

電力と水の上昇温度

■ ⓭_____…消費した電気エネルギーの総量。単位は ⓮_____（記号J）。日常生

活では，ワット時（記号Wh），キロワット時（記号kWh）の単位が使われる。

> 電力量〔J〕=電力〔W〕×時間〔s〕

電力量〔Wh〕=電力〔W〕×時間〔h〕

⇒1Whは，1Wの電力を1h（3600s）消費した電力量であり，⓯_____Jに等しい。

1 電力の表し方

ある電気ストーブを調べると，右の図のような電力の表示がついていた。次の問いに答えなさい。

❶ この電気ストーブを100Vの電源につなぐと，何Wの電力を消費するか答えなさい。

（　　　　　　　　　）

点UP **❷** ❶のとき，電気ストーブに流れる電流は何Aか求めなさい。

（　　　　　　　　　）

❸ この電気ストーブを100Vの電源につないで1時間使用した。このときの電力量は何Jか求めなさい。

（　　　　　　　　　）

100V－1100W

2 電力と水の温度変化の関係

図1のように，100gの水に電熱線を入れ，6Vの電圧を加えて1Aの電流を流し，1分ごとに水の上昇温度を調べた。図2は，その結果を表したものである。あとの問いに答えなさい。

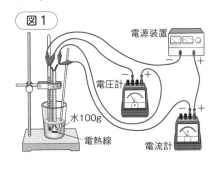

図1

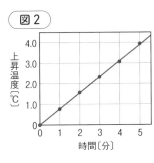

図2

❶ 電熱線の消費した電力は何Wか求めなさい。

（　　　　　　　　　）

❷ 電流を5分間流したとき，電流によって発生した熱量は何Jか求めなさい。

（　　　　　　　　　）

点UP **❸** 電流を流した時間と水の上昇温度の間には，どのような関係があるか答えなさい。

（　　　　　　　　　）

❹ この実験を10分間続けたとすると，水の上昇温度は約何℃になると考えられるか。次の**ア**〜**エ**から1つ選び，記号で答えなさい。

（　　　　　）

ア 5.4℃　　**イ** 7.8℃　　**ウ** 10.2℃　　**エ** 15.6℃

ヒント

1 **❷**

電力（W）
＝電圧（V）×電流（A）

❸

電力量（J）
＝電力（W）×時間（s）

2 **❶**

電力（W）
＝電圧（V）×電流（A）

❷

熱量（J）
＝電力（W）×時間（s）

❸

結果を表すグラフが，原点を通る直線になっていることに注目する。

4章 電流とそのはたらき

4 4章 電流とそのはたらき
電流と磁界

解答 別冊 p.16

さくっとマルつけ

G-20

☑ 基本をチェック

10分

1 電流がつくる磁界

■磁界のようす

> 磁力(磁石や電磁石による力)がはたらいている空間を❶＿＿＿＿＿という。

> 磁界の中に置いた磁針のN極が指す向きを❷＿＿＿＿＿という。

> 磁界のようすを表した線を❸＿＿＿＿＿という。

電流と磁界の向き

電流の向き 導線

電流の向き

磁界の向き 磁力線

ねじの進む向き

回す向き

■1本の導線のまわりの磁界

> 磁界の向きは電流の向きで決まる。

> 磁界の強さは、電流が大きいほど、導線に近いほど❹＿＿＿＿＿なる。

磁界の向き 磁力線

■コイルのまわりの磁界

> 磁界の向きは電流の向きで決まる。

> 磁界の強さは、電流が大きいほど、コイルの巻数が多いほど強くなる。

電流の向き

磁界の向き

電流の向き

右手

2 電流と磁界

■電流が磁界から受ける力

> 磁界の中を流れる電流は、磁界から力を受ける。

> 電流や磁界の向きを逆にすると、電流が受ける力の向きは❺＿＿＿＿＿になる。

> 電流を大きくしたり、磁界を強くしたりすると、電流が受ける力は❻＿＿＿＿＿なる。

電流が磁界から受ける力

S

N

電流の向き

力の向き

磁界の向き

導線

■❼＿＿＿＿＿…コイルの内部の磁界が変化すると、コイルに電流を流そうとする電圧が生じる現象。このとき流れる電流を誘導電流という。

例 発電機

■直流…流れる向きが一定で変わらない電流。

例 乾電池の電流

■交流…流れる向きが周期的に入れかわる電流。

例 家庭のコンセントの電流

> 1秒間にくり返す波の数を周波数といい、単位は❿＿＿＿＿〔Hz〕。

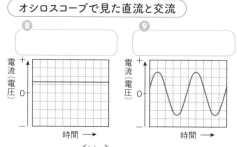

オシロスコープで見た直流と交流

❽

❾

電流(電圧) 0 時間→

電流(電圧) 0 時間→

10点アップ！🔺

1 電流がつくる磁界

図1はまっすぐな導線に電流を流したとき，図2はコイルに電流を流したときの磁界のようすを表したものである。あとの問いに答えなさい。

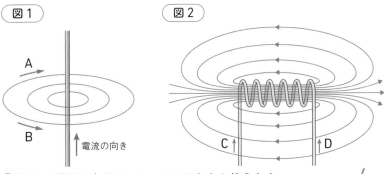

figure 図1 図2 A B 電流の向き C D

❶図1の磁界の向きは，A，Bのどちらか答えなさい。（　　　）

❷図2の電流の向きは，C，Dのどちらか答えなさい。（　　　）

点UP ❸電流の向きを逆にすると，磁界はどうなるか。次のア〜ウから1つ選び，記号で答えなさい。（　　　）

　　ア　磁界が強くなる。　イ　磁界が弱くなる。　ウ　磁界の向きが逆になる。

❹電流を大きくすると，磁界はどうなるか。❸のア〜ウから1つ選び，記号で答えなさい。（　　　）

2 磁界の変化によって生じる電圧

右の図のように，磁石のN極をコイルに近づけると，検流計の針が＋端子側にふれた。次の問いに答えなさい。

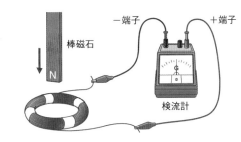

棒磁石 N －端子 ＋端子 検流計

点UP ❶検流計の針を－端子側にふれさせるにはどのような操作をすればよいか。次のア〜エからすべて選び，記号で答えなさい。（　　　）

　　ア　コイルからN極を遠ざける。

　　イ　コイルの中でN極を静止させる。

　　ウ　コイルにS極を近づける。

　　エ　コイルからS極を遠ざける。

❷この実験のようにして，コイルに電圧が生じて電流が流れる現象を何というか答えなさい。（　　　）

ヒント

1 ❶ まっすぐな導線に電流を流したときの電流の向きと磁界の向きは，ねじの進む向きとねじを回す向きの関係と同じである。

2 ❶ 磁界の向きや，磁石を動かす向きを逆にすると，流れる電流の向きは逆になる。

4章 電流とそのはたらき

重要用語のまとめ

1章 化学変化と原子・分子

□ 化学変化（かがくへんか）	もとの物質とは**ちがう物質**ができる変化。
□ 分解（ぶんかい）	1種類の物質が**2種類以上**の別の物質に分かれる化学変化。
□ 原子（げんし）	物質をつくっている**最小の粒子**（りゅうし）。
□ 分子（ぶんし）	いくつかの原子が結びついた，**物質の性質を示す最小の粒子**。
□ 元素（げんそ）	**原子の種類**。
□ 化学式	元素記号と数字で物質を表した式。
□ 単体（たんたい）	**1種類の元素**からできている物質。
□ 化合物（かごうぶつ）	**2種類以上の元素**からできている物質。
□ 化学反応式	化学変化を，**化学式**を使って表した式。
□ 酸化（さんか）	物質が**酸素と結びつく**化学変化。
□ 酸化物（さんかぶつ）	**酸化**によってできる物質。
□ 燃焼（ねんしょう）	物質が**熱や光を出しながら激しく酸化**（はげ）されること。
□ 還元（かんげん）	酸化物が**酸素をうばわれる**化学変化。
□ 質量保存の法則（しつりょうほぞんのほうそく）	化学変化の前後で**物質全体の質量は変化しない**こと。
□ 発熱反応（はつねつはんのう）	化学変化が起こるとき，熱を発生して**温度が上がる**反応。
□ 吸熱反応（きゅうねつはんのう）	化学変化が起こるとき，周囲の熱を吸収して**温度が下がる**反応。

2章 生物のからだのつくりとはたらき

□ 細胞呼吸（さいぼうこきゅう）	細胞内で**酸素を使って栄養分を分解**し，**エネルギーをとり出す**こと。
□ 単細胞生物（たんさいぼうせいぶつ）	からだが**1つの細胞**でできている生物。
□ 多細胞生物（たさいぼうせいぶつ）	からだが**多数の細胞**からできている生物。
□ 光合成（こうごうせい）	植物が**光**を受けて，水と**二酸化炭素**から，**デンプン**などをつくるはたらき。
□ 対照実験（たいしょうじっけん）	**調べようとすること以外の条件を同じ**にして行う実験。
□ 維管束（いかんそく）	道管と師管の集まり。
□ 蒸散（じょうさん）	吸い上げた水が植物の体の表面から**水蒸気**となって出ていくこと。
□ 消化（しょうか）	**栄養分を分解**して，吸収しやすい物質に変えること。
□ 消化酵素（しょうかこうそ）	消化液にふくまれ，**決まった物質**を消化する物質。
□ 柔毛（じゅうもう）	小腸のかべのひだにある**無数の突起**（とっ）。
□ 動脈（どうみゃく）	**心臓から送り出される**血液が流れる血管。
□ 静脈（じょうみゃく）	**心臓にもどる**血液が流れる血管。
□ 感覚器官（かんかくきかん）	外界から**刺激を受けとる**器官。
□ 中枢神経（ちゅうすうしんけい）	脳やせきずいからなる神経。
□ 末しょう神経（まっしょうしんけい）	中枢神経から枝分かれして全身に広がる**感覚神経や運動神経**。
□ 反射（はんしゃ）	刺激に対して**無意識**に起こる反応。

3章 天気とその変化

☐ 飽和水蒸気量（ほうわすいじょうきりょう）	1m³の空気がふくむことができる水蒸気の最大質量〔g/m³〕。
☐ 露点（ろてん）	空気中の水蒸気が冷やされて、水滴に変わり始めるときの温度。
☐ 湿度（しつど）	湿度〔%〕＝空気1m³にふくまれる水蒸気量÷飽和水蒸気量×100
☐ 圧力（あつりょく）	面を垂直におす単位面積あたりの力の大きさ。単位はパスカル（記号Pa）。
☐ 大気圧（気圧）（たいきあつ）	空気の重さで生じる圧力。単位はパスカル（記号Pa）。
☐ 等圧線（とうあつせん）	気圧が等しい地点を結んだ曲線。
☐ 高気圧（こうきあつ）	等圧線が閉じていて、まわりより気圧が高いところ。中心部は下降気流。
☐ 低気圧（ていきあつ）	等圧線が閉じていて、まわりより気圧が低いところ。中心部は上昇気流。
☐ 気団（きだん）	性質（気温や湿度）が一様な空気のかたまり。
☐ 前線（ぜんせん）	前線面（寒気と暖気の境界面）が地表面と交わる線。
☐ 寒冷前線（かんれいぜんせん）	寒気が暖気の下にもぐりこみ、暖気をおし上げながら進む前線。
☐ 温暖前線（おんだんぜんせん）	暖気が寒気の上にはいあがり、寒気をおしやりながら進む前線。
☐ 停滞前線（ていたいぜんせん）	寒気と暖気がぶつかり合い、停滞する前線。
☐ 季節風（きせつふう）	大陸と海洋の温度差によって生じる、季節に特徴的な風。
☐ 偏西風（へんせいふう）	中緯度帯（日本など）の上空にふいている強い西風。
☐ つゆ（梅雨）（ばいう）	梅雨前線により、雨やくもりの日が続く初夏の時期。

4章 電流とそのはたらき

☐ 静電気（せいでんき）	摩擦によって物体にたまった電気。
☐ 放電（ほうでん）	電気が空間を移動したり、たまった電気が流れたりする現象。
☐ 電子（でんし）	－（マイナス）の電気をもつ小さい粒。
☐ 放射線（ほうしゃせん）	α 線（アルファ）、β 線（ベータ）、γ 線（ガンマ）、X 線（エックス）など。
☐ 陰極線（電子線）（いんきょくせん）	真空放電管の－極から出ている電子の流れ。
☐ 電流（でんりゅう）	電気の流れ。単位はアンペア（記号A）。
☐ 電圧（でんあつ）	電流を流そうとするはたらき。単位はボルト（記号V）。
☐ 電気抵抗（抵抗）（でんきていこう）	電流の流れにくさ。単位はオーム（記号Ω）。
☐ オームの法則	電熱線を流れる電流は電圧に比例。抵抗〔Ω〕＝電圧〔V〕÷電流〔A〕
☐ 電力（消費電力）（でんりょく）	1秒間に使われる電気エネルギー。電力〔W〕＝電圧〔V〕×電流〔A〕
☐ 熱量（ねつりょう）	物質に出入りする熱の量。熱量〔J〕＝電力〔W〕×時間〔s〕
☐ 電力量（でんりょくりょう）	消費した電気エネルギーの総量。電力量〔J〕＝電力〔W〕×時間〔s〕
☐ 磁界（じかい）	磁力がはたらいている空間。
☐ 磁力線（じりょくせん）	磁界のようすを表した線。
☐ 電磁誘導（でんじゆうどう）	コイル内部の磁界が変化すると、コイルに電圧が生じ、電流が流れる現象。
☐ 誘導電流（ゆうどうでんりゅう）	電磁誘導で流れる電流。

□ 執筆協力　出口明憲

□ 編集協力　㈱カルチャー・プロ　中野知子　平松元子

□ 本文デザイン　細山田デザイン事務所（細山田光宣　南 彩乃　室田 潤）

□ 本文イラスト　ユア

□ DTP　　　㈱明友社

□ 図版作成　㈱明友社

シグマベスト
定期テスト
超直前でも平均＋10点ワーク
中2理科

編　者　文英堂編集部
発行者　益井英郎
印刷所　株式会社加藤文明社
発行所　株式会社文英堂

〒601-8121　京都市南区上鳥羽大物町28
〒162-0832　東京都新宿区岩戸町17
（代表）03-3269-4231

定期テスト超直前でも
平均+10点 ワーク

【解答と解説】

中2
理科

文英堂

1章
化学変化と原子・分子

❶ 物質の成り立ち

✔ 基本をチェック

❶分かれる　　❷熱分解
❸石灰水　　　❹二酸化炭素
❺赤[桃]　　　❻水
❼炭酸ナトリウム　❽電気分解
❾2:1　　　　❿原子
⓫分子　　　　⓬元素記号
⓭化学式　　　⓮単体
⓯化合物

10点アップ！

❶❶ 例 生じた液体が加熱部分に流れ（て試験管が割れ）るのを防ぐため。
❷白くにごった。
❸二酸化炭素
❹赤色[桃色]
❺水
❻加熱後の固体

❷❶①H　②O　③C　④Ag
❷①H_2　②O_2　③CO_2　④H_2O
❸単体…ア，イ　化合物…エ，カ

📖 解説

❶炭酸水素ナトリウムを加熱すると，気体の二酸化炭素，液体の水，固体の炭酸ナトリウムに分解する。
❷❸二酸化炭素には，石灰水を白くにごらせる性質がある。
❹❺塩化コバルト紙は，水にふれると青色から赤色[桃色]に変わる。
❻加熱後の試験管に残った白い固体は，炭酸ナトリウムという物質で，水によくと

け，水溶液にフェノールフタレイン溶液を加えると濃い赤色になる。一方，炭酸水素ナトリウムは水に少しとけ，水溶液にフェノールフタレイン溶液を加えるとうすい赤色になる。

⚠ ミス注意！

炭酸水素ナトリウム
水に少しとけ，水溶液は弱いアルカリ性。
炭酸ナトリウム
水によくとけ，水溶液は強いアルカリ性。

❷❸単体は1種類の元素からできている物質，化合物は2種類以上の元素からできている物質である。化学式より，単体か化合物かを区別することができる。

単体…酸素O_2，塩素Cl_2，銀Ag，
　　　銅Cu，炭素C
化合物…二酸化炭素CO_2，水H_2O，
　　　　塩化ナトリウム$NaCl$
これらの物質のうち，分子をつくるのは，酸素，塩素，二酸化炭素，水である。

⚠ ミス注意！

分子をつくらない単体
銀（Ag），銅（Cu），鉄（Fe），炭素（C）
分子をつくらない化合物
塩化ナトリウム（$NaCl$），酸化銅（CuO）

❷ 物質の結びつきと化学反応式

✔ 基本をチェック

❶水　　　　❷塩化コバルト紙
❸硫化鉄　　❹熱
❺A　　　　❻A
❼B　　　　❽硫化鉄
❾化学反応式　❿化学式
⓫O　　　　⓬H

1 ❶水　❷$2H_2 + O_2 \longrightarrow 2H_2O$

2 ❶試験管A…つく　試験管B…つかない

　❷イ　❸硫化鉄

3 エ

📖 解説 ------------------------------

1 ❶青色の塩化コバルト紙は，**水にふれると赤色[桃色]に変わる。**

❷水＋酸素 ⟶ 水　を化学式で表して，

　　$H_2 + O_2 \longrightarrow H_2O$

⟶ の左側と右側で，**原子の種類と数を同じにする**ために，水分子（H_2O）と水素分子（H_2）に係数2をつけて，

　　$2H_2 + O_2 \longrightarrow 2H_2O$

⚠ミス注意！

化学反応式では，⟶ の左側に反応前の物質，右側に反応後の物質を書き，⟶ の左右で原子の種類と数を同じにする。

2 ❶❸試験管Bでは，**鉄と硫黄が反応して硫化鉄ができている**（$Fe + S \longrightarrow FeS$）。硫化鉄は磁石につかないが，試験管Aの鉄は磁石につく。

❷試験管Aでは，鉄が塩酸と反応して，**においのない水素**が発生する。試験管Bでは，硫化鉄が塩酸と反応して，**特有のにおい（腐卵臭）のある硫化水素**が発生する。

⚠ミス注意！

鉄＋硫黄（反応前の混合物：Fe＋S）

・磁石を近づけると鉄が磁石につく。

・混合物にうすい塩酸を加えると鉄と反応してにおいのない水素が発生する。

硫化鉄（反応後の物質：FeS）

・磁石につかない。

・硫化鉄にうすい塩酸を加えると特有のにおい（腐卵臭）のある硫化水素（H_2S）が発生する。

3 水の電気分解は，

　　水 ⟶ 水素＋酸素

であるから，

化学式で表すと，

　　$H_2O \longrightarrow H_2 + O_2$

⟶ の左右でHとOの数が等しくなるように係数を決めると，

　　$2H_2O \longrightarrow 2H_2 + O_2$

アは ⟶ の左側が水分子（H_2O）になっていないので×。

イは ⟶ の右側の酸素が分子（O_2）になっていないので×。

ウは ⟶ の左右で酸素原子の数が同じになっていない（左側のOの数が1，右側のOの数が2）ので×。

❸酸素がかかわる化学変化

✔ 基本をチェック

❶酸化　❷酸化物

❸燃焼　❹酸化鉄

❺酸化鉄　❻酸化マグネシウム

❼2MgO　❽酸化銅

❾2CuO　❿炭素（と）水素〈順不同〉

⓫還元　⓬酸化

⓭二酸化炭素　⓮還元

⓯銅

1 ❶スチールウール

　❷酸化鉄

2 ❶水

　❷イ，ウ

3 ❶銅

　❷二酸化炭素

　❸A…還元　B…酸化

解説

1 スチールウール (鉄) を加熱すると空気中の酸素と結びついて**酸化鉄**になる。スチールウール (鉄) をうすい塩酸に入れると水素が発生する。酸化鉄は鉄とは異なる物質で，うすい塩酸に入れても気体は発生しない。

2 ろうなどの**有機物には，炭素や水素がふくまれている**。有機物を燃やすと，ふくまれている水素が酸化されて水ができ，炭素が酸化されて二酸化炭素ができる。

⚠ **ミス注意！**

有機物の燃焼
・炭素＋酸素 ⟶ 二酸化炭素
・水素＋酸素 ⟶ 水

3 ❶酸化銅 (黒色) ＋炭素
⟶ 銅 (赤色) ＋二酸化炭素
❷石灰水が白くにごったので，二酸化炭素が発生した。
❸物質が酸素と結びつく化学変化を酸化，酸化物が酸素をうばわれる化学変化を還元という。酸化銅は，炭素によって酸素をうばわれて (還元されて) 銅になり，炭素は酸素と結びついて (酸化されて) 二酸化炭素になる。

⚠ **ミス注意！**

酸化と還元は同時に起こる。

```
          ┌── 還元 ──┐
酸化銅 ＋ 炭素 ⟶  銅  ＋ 二酸化炭素
2CuO ＋  C  ⟶ 2Cu ＋  CO₂
          └──── 酸化 ────┘
```

❹化学変化と物質の質量

✔ 基本をチェック

❶質量保存の法則　❷白い沈殿
❸変化しない　❹二酸化炭素 [気体]
❺変化しない　❻減る
❼酸素　❽一定
❾比例する　❿4：1
⓫3：2

10点アップ！

1 ❶例 白い沈殿ができる。
❷質量保存の法則
2 ❶二酸化炭素
❷イ　❸ア
3 ❶0.3g　❷4：1

解説

1 ❶$H_2SO_4 + Ba(OH)_2$
$\longrightarrow BaSO_4 + 2H_2O$
硫酸バリウム$BaSO_4$は水にとけにくいため，白い沈殿となる。
❷化学変化の前後で物質全体の質量が変化しないことを，質量保存の法則という。

2 ❶$HCl + NaHCO_3$
$\longrightarrow NaCl + H_2O + CO_2$
❷発生した気体は容器の外に逃げないので，反応の前後で全体の質量は変化しない。
❸ふたをあけると発生した気体が容器の外に逃げるため，逃げた気体の分だけ全体の質量が減る。

⚠ **ミス注意！**

沈殿ができる反応
反応の前後で，全体の質量は変化しない。
気体が発生する反応 (容器を密閉)
反応の前後で，全体の質量は変化しない。
気体が発生する反応 (容器を密閉しない)
発生した気体が空気中に出ていくため，反応後の質量は減る。

04

3 ❶ グラフより，銅 1.2 g から酸化銅 1.5 g
ができる。結びつく酸素の質量＝酸化銅
の質量－銅の質量　より，

  1.5 g － 1.2 g ＝ 0.3 g

❷ 銅：酸素＝ 1.2 g：0.3 g ＝ 4：1

> ⚠ **ミス注意！**
> 銅の質量＋酸素の質量＝酸化銅の質量
> 銅の質量：結びつく酸素の質量＝ 4：1

---

❺ 化学変化と熱

✔ 基本をチェック

❶ 熱　　　　　❷ 発熱反応
❸ 硫化鉄（りゅうかてつ）　❹ 酸素
❺ やすく　　　❻ 二酸化炭素
❼ 吸熱反応（きゅうねつはんのう）　❽ アンモニア

10点アップ！

1 ❶ ウ　　❷ 熱を発生したから。
❸ 例 鉄粉が酸素にふれず，酸化が起こら
ないから。
2 ❶ イ　　❷ エ
❸ 吸熱反応（きゅうねつはんのう）

📖 解説

1 ❶ 鉄が空気中の酸素によって酸化される。
活性炭と食塩水は，化学変化（かがくへんか）を起こしやすくするためのもので自身は反応しない。
❷ 鉄が酸化するときに熱を発生したため，
温度が上がった。このような反応を**発熱反応（はんのう）**という。
❸ 外側の袋（ふくろ）をあけると，内側の袋に空気が
入り，鉄粉が空気中の酸素と反応して，
熱が発生する。
2 水酸化バリウムと塩化アンモニウムを混ぜ
ると，**アンモニア**が発生する。この反応は，
吸熱反応で，温度が下がる。

2章
生物のからだのつくりとはたらき

❶ 細胞のつくりと生物のからだ

✔ 基本をチェック

❶ レボルバー　　　❷ しぼり
❸ 遠ざけ　　　　　❹ せまく
❺ 暗く　　　　　　❻ 核（かく）
❼ 細胞膜（さいぼうまく）　　❽ 細胞壁（さいぼうへき）
❾ 葉緑体（ようりょくたい）　　❿ 葉緑体
⓫ 細胞壁　　　　　⓬ エネルギー
⓭ 二酸化炭素　　　⓮ 単細胞生物（たんさいぼうせいぶつ）
⓯ 多細胞生物（たさいぼうせいぶつ）　⓰ 器官（きかん）

10点アップ！

1 ❶ 記号…C　名前…反射鏡（はんしゃきょう）
❷ 300倍
❸ 範囲（はんい）…せまくなる。
明るさ…暗くなる。
2 ❶ A…核（かく）　B…細胞膜（さいぼうまく）
C…細胞壁（さいぼうへき）　D…葉緑体（ようりょくたい）
❷ A　　❸ 細胞質（さいぼうしつ）
3 ❶ X…酸素　Y…二酸化炭素
はたらき…細胞呼吸 [細胞による呼吸，
細胞の呼吸，内呼吸]

📖 解説

1 ❶ Aは調節ねじで，ピントを合わせるとき
に動かす。Bはレボルバーで，対物（たいぶつ）レン
ズの倍率を変えるときに動かす。
❷ 顕微鏡（けんびきょう）の倍率＝
接眼（せつがん）レンズの倍率×対物レンズの倍率
より，
　15×20＝300倍
❸ 顕微鏡の倍率を高くすると，よりせまい

範囲を拡大して見ることになる。そのため，視野に入る光の量が少なくなり，明るさは暗くなる。

> **⚠ミス注意！**
> 顕微鏡の倍率を高くすると，視野はせまくなり，**明るさは暗くなる**。

2 ❶動物と植物の細胞に共通するつくりは，Aの**核**，Bの**細胞膜**である。核はまるい形で，ふつう1つの細胞に1個ある。
植物の細胞に特徴的なつくりは，Cの**細胞壁**，Dの**葉緑体**，Eの**液胞**である。細胞壁は，**細胞を保護し，からだの形を保つ**のに役立っている。葉緑体は，**緑色をした粒**で，植物はここで**光合成**を行い栄養分をつくる。袋状の液胞は細胞の活動でできた物質や水が入っている。
❷核は，酢酸カーミン液，酢酸オルセイン液などの染色液で赤く染まる。
❸核と細胞壁以外の部分を**細胞質**という。

> **⚠ミス注意！**
> **植物と動物の細胞のつくり**
>
> | | 植物 | 動物 |
> |---|---|---|
> | 核 | ○ | ○ |
> | 葉緑体 | ○ | |
> | 液胞 | ○ | |
> | 細胞膜 | ○ | ○ |
> | 細胞壁 | ○ | |
>
> ※核と細胞壁以外の部分を**細胞質**という。

3 多くの生物は，**細胞内で酸素（O₂）を使って養分（栄養分）を分解する**ことで生きるためのエネルギーをとり出している。エネルギー源となる養分は，炭水化物などの有機物で，炭素（C）と水素（H）をふくんでいる。そのため，**分解後に二酸化炭素（CO₂）と水（H₂O）が発生する**。エネルギーは，成長，運動，物質のつくりかえなどに利用される。

❷ 光合成と呼吸

> **✔ 基本をチェック**
> ❶光合成 ❷二酸化炭素
> ❸葉緑体 ❹脱色
> ❺デンプン ❻葉緑体
> ❼光 ❽二酸化炭素
> ❾対照実験 ❿呼吸
> ⓫呼吸

> **10点アップ！**
> **1** ❶葉緑体
> ❷A…二酸化炭素
> B…酸素
> ❸行っている。
> **2** ❶B
> ❷二酸化炭素
> ❸対照実験

> **📖 解説**

1 ❷葉緑体は光を受けると光合成を行い，**水と二酸化炭素からデンプンなどの栄養分をつくる**。このとき酸素も発生する。
❸植物も動物と同じように，1日中呼吸を行っている。

> **⚠ミス注意！**
> 光合成は昼だけ，呼吸は昼も夜も行う。

2 ❶❷石灰水は，二酸化炭素があると白くにごる。試験管Bには，はく息に多くふくまれる二酸化炭素がそのまま残っているので白くにごる。試験管Aでは，タンポポの葉が行う光合成によって，二酸化炭素が使われる。したがって，石灰水は白くにごらない。
❸試験管Bを用意したのは，二酸化炭素が減ったのは植物のはたらきによることを確かめるためである。

調べようとすること以外の条件を同じにして行う実験を**対照実験**という。

❷葉でつくられた栄養分が通るのは師管である。道管は，根から吸収した水や水にとけた養分が通る。

❸維管束＝道管＋師管

❹茎を輪切りにしたとき，維管束が茎の全体に散らばる植物は，トウモロコシやイネなどの単子葉類である。

⚠ ミス注意！

双子葉類と単子葉類のちがい

	双子葉類	単子葉類
葉脈	網状脈	平行脈
茎の維管束	**輪状**	**散らばる**
根	主根と側根	ひげ根
例	ホウセンカ ヒマワリ	トウモロコシ ツユクサ

❸ 葉・茎・根のはたらき

✔ 基本をチェック

❶道管　❷師管
❸維管束　❹道管
❺師管　❻蒸散
❼気孔　❽気孔
❾師管　❿道管
⓫根毛

10点アップ！

❶ ❶蒸散　❷気孔　❸裏側
❷ ❶A…道管　B…師管
　❷B　❸維管束　❹ウ

📖 解説 - - - - - - - - - - -

❶ ❶根から吸い上げられた水が，植物のからだの表面から水蒸気となって出ていくことを**蒸散**という。

❷葉の気孔から蒸散する。

❸ワセリンをぬった部分は，表面にある気孔がふさがれて，蒸散ができなくなる。よって，結果の表が示す値は，Aは葉の裏と茎からの蒸散量，Bは葉の表と茎からの蒸散量である。蒸散は気孔を通して行われるので，蒸散量の多い方が，気孔が多いと考えられる。

⚠ ミス注意！

蒸散量
一般に，葉の裏側＞表側
気孔の数
一般に，葉の裏側＞表側

❷ ❶茎の中心側に道管，外側に師管がある。

❹ 消化と吸収，排出

✔ 基本をチェック

❶消化管　❷消化液
❸消化酵素　❹胆汁
❺吸収　❻柔毛
❼表面積　❽毛細血管
❾リンパ管　❿排出
⓫尿素　⓬ぼうこう

10点アップ！

❶ ❶加熱
　❷c, d
　❸ 例 デンプンを麦芽糖などに分解するはたらき。
❷ ❶柔毛
　❷Y
　❸ 例 小腸の表面積が大きくなるから。

解説

1-**❶** ベネジクト液には，麦芽糖やブドウ糖に加えて加熱すると，反応して赤褐色の沈殿ができる性質がある。

❷ デンプン溶液と水を入れた試験管Bを40℃にあたためてもデンプンは分解されない。

❸ aとcの結果を比べると，だ液はデンプンを分解することがわかる。また，bとdの結果を比べると，だ液のはたらきによって麦芽糖などができたことがわかる。この2つの結果を合わせると，**だ液にはデンプンを麦芽糖など（ブドウ糖がいくつかつながったもの）に分解するはたらきがある**ことがわかる。

2-**❷** Xはリンパ管，Yは毛細血管である。柔毛に吸収された栄養分のうち，**ブドウ糖とアミノ酸は毛細血管に入り，脂肪酸とモノグリセリドは再び脂肪になってリンパ管に入る。**

❸ ひだや柔毛により小腸の表面積が大きくなり，栄養分を効率よく吸収できる。

---

⑤ 呼吸，血液の循環

✔ 基本をチェック

❶ 肺胞　　　　　　**❷** 二酸化炭素
❸ ヘモグロビン　**❹** 血しょう
❺ 赤血球　　　　　**❻** 白血球
❼ 血小板　　　　　**❽** 組織液
❾ 右心房　　　　　**❿** 左心房
⓫ 動脈　　　　　　**⓬** 静脈
⓭ 肺循環　　　　　**⓮** 体循環
⓯ 動脈血　　　　　**⓰** 静脈血

10点アップ！

1-**❶** 肺胞
❷ B…二酸化炭素　C…酸素
2-**❶** 組織液
❷ 赤血球
❸ イ
❹ ① 体循環　② C

解説

1-**❶** 肺は気管から細かく枝分かれした気管支と，その先についているたくさんの**肺胞**という小さな袋が集まってできている。たくさんの肺胞があることで，空気にふれる表面積が大きくなり，効率よく酸素と二酸化炭素の交換を行うことができる。

❷ 肺胞内に血液中から出されるBの気体は，**細胞呼吸でできた二酸化炭素**である。二酸化炭素は血液にとけて肺まで運ばれて肺胞内に出され，息をはくときに，体外に出される。

血液中にとりこまれるCの気体は，**細胞呼吸で使われる酸素**である。酸素は毛細血管を流れる血液にとりこまれて全身に運ばれる。

⚠ ミス注意！

肺胞での気体の交換
・二酸化炭素…血しょうにとけて運ばれる。
・酸素…赤血球によって運ばれる。

2-**❶** 組織液は，細胞と血液の間で，物質の受けわたしのなかだちをする。

❷ 血液中を流れる**円盤形の固形成分は赤血球**である。赤血球には，ヘモグロビンという赤い物質がふくまれており，この物質のはたらきによって酸素を全身に運ぶことができる。

ミス注意！

血液の成分の形

赤血球	円盤形
白血球	球形のものが多い
血小板	小さくて不規則な形
血しょう	液体

❸血液によって運ばれ，組織液をなかだちとして細胞にわたされるものは，肺でとりこまれた酸素と，小腸で吸収された栄養分である。酸素は赤血球によって運ばれ，栄養分は液体成分の血しょうにとけて全身に運ばれる。

❹①心臓と肺の間で循環するのが肺循環，心臓と肺以外のからだの各部の間で循環するのが体循環である。

②肺でとりこんだ酸素を多くふくむ動脈血が心臓に流れる静脈Cを肺静脈という。Aは静脈血が流れる肺動脈，Bは静脈血が流れる大静脈，Dは動脈血が流れる大動脈である。

⚠ ミス注意！

動脈血と動脈，静脈血と静脈を混同しないようにする。**肺静脈には動脈血が，肺動脈には静脈血が流れている。**

・動脈血…肺静脈，大動脈
・静脈血…肺動脈，大静脈

---

❻刺激と反応，骨と筋肉

✔ 基本をチェック

❶感覚器官　　　❷光
❸網膜　　　　　❹音
❺うずまき管　　❻中枢神経
❼末しょう神経　❽感覚神経
❾運動神経　　　❿反射
⓫運動神経　　　⓬筋肉
⓭関節

10点アップ！

1-❶B…レンズ[水晶体]
　C…網膜
　E…鼓膜
　F…うずまき管
　❷C　　❸F　　❹感覚器官
2-❶中枢神経　　❷運動神経
　❸(G→) E→D→B→A→C→D→F→H

📖 解説

1-❶～❸図1のAは虹彩で，目に入る光の量を調節する。Bはレンズで，厚みを変えて物体からの光を屈折させ，網膜の上に像を結ぶ。Cは網膜で，光の刺激を受けとる細胞がある。図2のDは耳小骨で，鼓膜の振動をうずまき管に伝える。Eは鼓膜で，音をとらえて振動する。Fはうずまき管で，音の刺激(振動)を受けとる細胞がある。

⚠ ミス注意！

刺激を受けとる感覚細胞があるところ
・目…網膜
・耳…うずまき管

2-❶脳やせきずいを中枢神経という。
❷中枢神経と運動器官の間にある神経は運動神経である。

⚠ ミス注意！

神経系＝中枢神経(脳，せきずい)
　　　＋末しょう神経(感覚神経，運動神経)

❸手を強くにぎられた刺激は，感覚器官の皮膚が受けとり，刺激を信号に変えた後，信号が感覚神経を通って脳へと伝えられる。脳は「強くにぎり返せ」という命令を出し，この命令は運動神経を通って運動器官の手の筋肉に伝えられる。

3章

天気とその変化

❶空気中の水の変化

✔ 基本をチェック

❶飽和水蒸気量　❷大きく

❸露点　❹15

❺湿度　❻飽和水蒸気量

❼低い　❽膨張

❾露点　❿霧

10点アップ！🎵

❶❶例 水温と気温を(ほぼ)同じにするため。

　❷16℃

　❸13.6g

　❹62%

　❺5.3g

❷❶例 フラスコ内の空気中の水蒸気量をふやすため。

　❷①膨張　②露点　③100

📖 解説 ----------------------

❶❶教室の気温と同じ温度の水を使うために，くみ置きの水を用意する。

❷コップの表面がくもり始めたときの温度が露点である。コップの表面がくもり始めたのは，コップのまわりの空気が冷やされて，水蒸気が水滴に変わったためである。コップの中の水とコップの表面の空気の温度は同じと考えられるので，このときの水温が露点である。

❸❷より，この教室の空気の露点は，16℃であり，16℃のときの飽和水蒸気量は13.6g/m³なので，空気1m³中には，13.6gの水蒸気がふくまれている。

❹表より，気温24℃の飽和水蒸気量は

21.8g/m³なので，

湿度〔%〕＝

$\dfrac{\text{空気1m}^3\text{中にふくまれる水蒸気量〔g/m}^3\text{〕}}{\text{その空気と同じ気温での飽和水蒸気量〔g/m}^3\text{〕}}$

×100

より，

$\dfrac{13.6\text{g/m}^3}{21.8\text{g/m}^3} \times 100 = 62.3\cdots$

小数第1位を四捨五入して，62%

❺表より，8℃の空気1m³は8.3gまでしか水蒸気をふくむことができないので，

　13.6g－8.3g＝5.3g

が水滴となる。

❷❶空気中の水蒸気量が大きいほど露点が高くなるので，くもりができやすくなる。

❷①ピストンを引くと，空気の体積が大きくなる，つまり空気が膨張する。

②空気が膨張すると空気の温度が下がり，露点に達すると，水蒸気が水滴となってフラスコ内がくもり始める。

⚠ ミス注意！

フラスコ内の空気の体積変化と温度変化

ピストンを引く

　…空気が膨張→温度が下がる

ピストンを押す

　…空気が圧縮→温度が上がる

③露点は，空気中の水蒸気が冷やされて水滴に変わり始めるときの温度で，

空気1m³中の水蒸気量＝飽和水蒸気量

となる温度だから，（湿度を求める式で分子＝分母となる）湿度は100%である。

❷ 気象の観測

✔ 基本をチェック

❶ 圧力
❷ 大気圧〔気圧〕
❸ パスカル
❹ 小さい
❺ 1.5
❻ 1013
❼ 13
❽ 風力
❾ 等圧線
❿ 20
⓫ 高気圧
⓬ 下降
⓭ 低気圧
⓮ 上昇

10点アップ！ ↑

❶-❶ 6N
　　❷ 1500Pa
❷-❶ 24.0℃
　　❷ 75%
❸-❶ 1008hPa
　　❷ P…ウ　Q…イ
　　❸ P

📖 解説 - - - - - - - - - - - - - -

❶-❶ 100gの物体にはたらく重力の大きさが1Nだから，600gでは6N。A〜Cのどの面を下にして置いても，物体がスポンジを押す力の大きさは6Nである。

　　❷ 圧力は，**はたらく力の大きさが同じなら，はたらく面積が小さいほど大きくなる**。よって，面積が最も小さいAの面を下にして置いたときに圧力が最も大きくなり，スポンジのへこみ方が最も大きくなる。このときの圧力は，

6N÷(0.05m×0.08m)＝1500Pa

⚠ ミス注意！

圧力〔Pa〕を求めるときの面積の単位はm²なので，1cm＝0.01m（100cm＝1m）で計算する。

$$圧力〔Pa〕＝\frac{面を垂直に押す力〔N〕}{力がはたらく面積〔m^2〕}$$

❷-❶ 気温は，乾湿計の乾球の温度を読みとる。

　　❷ 乾球の示度は24.0℃，湿球の示度は21.0℃で，乾球と湿球の示度の差は，

24.0℃−21.0℃＝3.0℃

湿度表を使って次のように湿度を求める。

		乾球と湿球の示度の差〔℃〕				
		1.0	2.0	3.0	4.0	5.0
乾球の示度〔℃〕	25	92	84	76	68	61
	24	91	83	75	67	60
	23	91	83	75	67	59

❸-❶ 図中の気圧は1000hPa（ヘクトパスカル）から1020hPaに向かって高くなっている。等圧線は4hPaごとに引かれ，A地点の等圧線は1000hPaより8hPa高いので，

1000hPa＋8hPa＝1008hPa

　　❷ Pはまわりより気圧が高いので**高気圧**，Qはまわりより気圧が低いので**低気圧**である。北半球の高気圧付近では，**高気圧の中心から時計回りに風がふき出している**。一方，低気圧付近では，**低気圧の中心に向かって反時計回りに風がふきこんでいる**。

　　❸ **高気圧の中心部は下降気流**になるため，雲が生じにくく，晴れが多い。**低気圧の中心部は上昇気流**になるため，雲が発生しやすく，くもりや雨が多い。

⚠ ミス注意！

高気圧
・まわりより気圧が高いところ。
・下降気流
・時計回りに風がふき出す。
・晴れが多い。

低気圧
・まわりより気圧が低いところ。
・上昇気流
・反時計回りに風がふきこむ。
・くもりや雨が多い。

❸ 前線と天気の変化

❶気団
❷前線面
❸前線
❹寒冷前線
❺温暖前線
❻閉そく前線
❼停滞前線
❽積乱雲
❾北
❿下がる
⓫積乱雲
⓬乱層雲
⓭弱い
⓮広い
⓯長
⓰乱層雲

10点アップ!

❶ ❶A…寒冷前線　B…温暖前線
　❷b　❸Q
❷ ❶図1　❷図1…イ　図2…エ
　❸X…積乱雲　Y…乱層雲
　❹図1…エ　図2…ア

📖 解説 - - - - - - - - - - - - - - - -

❶ ❶日本付近では，低気圧の西側に寒冷前線，東側に温暖前線ができることが多い。このような低気圧を温帯低気圧という。
　❷前線の記号は，前線の進行方向にかかれている。寒冷前線は寒気が暖気をおし上げながら進み，温暖前線は暖気が寒気をはい上がりながら進むので，a, c地点は寒気，b地点は暖気におおわれている。
　❸日本付近の低気圧は西から東へ移動する。
❷ ❶図1は，前線面の傾きが急で，上にのびる雲が発達していることから，寒冷前線である。図2は，前線面の傾きがゆるやかで，広い範囲にわたって雲が生じているから，温暖前線である。
　❷寒冷前線は寒気が暖気を，温暖前線は暖気が寒気をおしながら進む。
　❸寒冷前線付近では，寒気が暖気をおし上げるため，強い上昇気流が生じて積乱雲が発達する。温暖前線付近では，暖気が

寒気の上にはい上がるため，乱層雲などの層状の雲ができる。
　❹寒冷前線付近では積乱雲が発達するため，通過するときには強い雨が降り，雷や突風をともなうことがある。雲のできる範囲はせまいため，雨の降る時間は短い。前線の通過後は寒気におおわれるため，気温が急に下がる。
温暖前線付近では広い範囲で乱層雲などの層状の雲ができるため，通過するときには弱い雨が長い時間降り続ける。前線の通過後は暖気におおわれるため，気温が上がる。

❹ 大気の動き

❶やすく
❷やすい
❸海風
❹海上
❺陸風
❻陸上
❼海風
❽陸風
❾季節風
❿南東
⓫北西
⓬南東
⓭北西
⓮偏西風

10点アップ!

❶ ❶A…海風　B…陸風　❷図1
　❸図1…昼　図2…夜
❷ ❶大陸　❷A…低気圧　B…高気圧
　❸ア
❸偏西風

📖 解説 - - - - - - - - - - - - - - - -

❶ ❶北からふく風を北風というように，海陸風のうち，海からふくのが海風，陸からふくのが陸風である。
　❷空気はあたためられると膨張して密度が小さくなり，上昇気流ができる。

❸陸は海より，あたたまりやすく冷めやすい。晴れた日の昼，陸上の気温が海上より高くなり，陸上の気圧が海上より低くなって**海から陸へ海風**がふく。逆に晴れた日の夜，陸上の気温が海上より低くなり，陸上の気圧が海上より高くなって**陸から海へ陸風**がふく。

2❶陸は海よりもあたたまりやすい。日射が強い夏は大陸の方があたたかくなる。

❷❶の結果，大陸上は低気圧になり，海洋上は高気圧になる。

❸風は，気圧の高いほうから低いほうへふく。

⚠ミス注意!

季節風
冬…北西の季節風　夏…南東の季節風

3日本付近の移動性高気圧や低気圧は，**偏西風**の影響を受けて西から東へ移動する。

❺日本の四季の天気

✔基本をチェック

❶シベリア気団　　❷小笠原気団
❸シベリア気団　　❹小笠原気団
❺シベリア気団　　❻西高東低
❼北西の季節風　　❽移動性高気圧
❾オホーツク海気団
❿つゆ[梅雨]　　⓫南東の季節風
⓬前線

10点アップ!📈

1❶A，B　　❷B，C
2❶シベリア気団　　❷西高東低
　❸日本海側…ウ　太平洋側…ア
3❶梅雨前線
　❷ 例 雨やくもりの日が続く。
　❸C

📖 **解説** -

1気温や湿度がほぼ一様な空気のかたまりを**気団**という。それぞれの気団の性質は，
シベリア気団…冷たく乾燥している。
オホーツク海気団…冷たく湿っている。
小笠原気団…あたたかく湿っている。

2❶冬のシベリアは冷え，シベリア高気圧が発達し，冷たく乾燥した**シベリア気団**ができる。

❷冬の天気図は，等圧線が縦に並び，西に高気圧，東に低気圧がある西高東低の気圧配置となる。

⚠ミス注意!

気圧配置
冬…西高東低
夏…南高北低

❸**冬に大陸からふく季節風は冷たく乾燥している**が，日本海の上空を通過する間に大量の水蒸気をふくみ，日本列島にぶつかると雲を発達させて，**日本海側に雪を降らせる**。雪を降らせて水蒸気を失った空気は冷たく乾燥した風になって太平洋側にふき下りるため，**太平洋側は晴れて乾燥する**ことが多い。

⚠ミス注意!

冬の日本の天気
日本海側…雪の日が多い。
太平洋側…乾燥して晴れた日が多い。

3❶初夏のころ，**オホーツク海気団**と**小笠原気団**の間に，梅雨前線という停滞前線ができる。

❷停滞前線付近では，2つの気団とも水蒸気を多くふくんでいるため，たえ間なく雲ができて雨が降る。

❸**前線**をもたず，**間隔**がせまい同心円状の等圧線で表される**C**が台風である。

4章

電流とそのはたらき

❶電流の正体

✔ 基本をチェック

❶静電気　　❷しりぞけ合う

❸引き合う　❹放電

❺電子　　　❻陰極線 [電子線]

❼陰極線 [電子線]　❽電子

❾逆　　　　❿放射性物質

10点アップ！

1・❶イ

❷ストローB…−

　ティッシュペーパー…＋

❸静電気

2・❶陰極線 [電子線]　❷電子

❸ア

📖 解説

1・❶異なる物質からなる物体どうしを摩擦すると，一方は＋の電気を帯び，もう一方は−の電気を帯びる。したがって，ストローとティッシュペーパーは異なる電気を帯びるため，近づけると引き合う力がはたらく。

⚠ ミス注意！

電気の性質

同じ種類の電気…しりぞけ合う力

異なる種類の電気…引き合う力

❷ストローBはストローAと同じ物質なのでストローAと同じ種類の電気を帯び，ティッシュペーパーはストローAと異なる物質なのでストローAと異なる電気を帯びる。

[別解]問題文より，ストローA，Bの間にはしりぞけ合う力がはたらいているので，ストローA，Bは同じ種類の電気を帯びている。

❸摩擦によって物体にたまった電気を静電気という。

2・❶❷−極を陰極といい，陰極から出ていることから**陰極線**という。陰極線の正体は電子の流れなので，**電子線**ともいう。

❸電子は−の電気をもった粒なので，＋極の方に引き寄せられて上に曲がる。

⚠ ミス注意！

電子の性質

・小さな粒である。

・−の電気をもつ。

❷回路に流れる電流

✔ 基本をチェック

❶直列回路　　❷並列回路

❸アンペア　　❹電圧

❺直列　　　　❻並列

❼オーム　　　❽Ω

❾オームの法則　❿不導体 [絶縁体]

10点アップ！

1・❶並列回路

❷P

❸点c…0.34A

　点d…0.60A

❹ア

2・❶4.0V

❷A…5Ω　B…10Ω

❸15Ω

解説

1 **①** 道すじが枝分かれしているので，並列回路である。

② 電流は電源（乾電池）の＋極から出て－極に向かって流れる。

③ 並列回路では，枝分かれした部分の電流の大きさの和は，全体の電流の大きさに等しい。したがって，点cを流れる電流の大きさは，0.60A－0.26A＝0.34A，点dを流れる電流の大きさは0.60Aとなる。

④ 電源の電気用図記号は，長い方が＋極，短い方が－極を表す。

2 **①** 直列回路では，各部分に加わる電圧の大きさの和は，全体の電圧の大きさに等しい。したがって，電熱線Bに加わる電圧の大きさは，

6.0V－2.0V＝4.0V

② 直列回路では，電流の大きさはどの部分でも等しい。400mA＝0.4Aなので，抵抗〔Ω〕＝電圧〔V〕÷電流〔A〕より，

Aの抵抗＝2.0V÷0.4A＝5Ω

Bの抵抗＝4.0V÷0.4A＝10Ω

⚠ ミス注意！

〔mA〕→〔A〕への変換

m（ミリ）は，$\frac{1}{1000}$を表す記号である。

1mA＝$\frac{1}{1000}$Aなので，

400mA＝$400 \times \frac{1}{1000}$A＝0.4A

③ 直列回路の全体の抵抗の大きさは，それぞれの抵抗の大きさの和になる。よって，

5Ω＋10Ω＝15Ω

③ 電気エネルギーの利用

✔ 基本をチェック

① 電力　　　　　　**②** ワット

③ 電圧　　　　　　**④** 1

⑤ 500　　　　　　**⑥** 大きく

⑦ 熱量　　　　　　**⑧** ジュール

⑨ 電力　　　　　　**⑩** 1

⑪ 比例　　　　　　**⑫** 電力

⑬ 電力量　　　　　**⑭** ジュール

⑮ 3600

10点アップ！

1 **①** 1100W

② 11A

③ 3960000J

2 **①** 6W

② 1800J

③ 比例（の関係）

④ イ

解説

1 **①** 100V－1100Wの表示のある電気器具を100Vの電源につなぐと（100Vの電圧を加えると），1100Wの電力を消費する。

② 電力〔W〕＝電圧〔V〕×電流〔A〕より，

1100W÷100V＝11A

③ 電力量〔J〕＝電力〔W〕×時間〔s〕より，

1100W×3600s＝3960000J

⚠ ミス注意！

電力量を求めるときの時間の単位

電力量〔J〕…時間の単位は，秒〔s〕

電力量〔Wh〕…時間の単位は，時間〔h〕

2 **①** 電力〔W〕＝電圧〔V〕×電流〔A〕より，

6V×1A＝6W

② 5分＝（5×60）sなので，

熱量〔J〕＝電力〔W〕×時間〔s〕より，

6W×300s＝1800J

> ⚠ ミス注意！
> 熱量〔J〕を求めるとき，時間の単位は，秒〔s〕である。

❸図2のグラフは原点を通る直線なので，時間と上昇温度は，比例の関係にある。

❹図2のグラフから，電流を5分間流したときの水の上昇温度は3.9℃である。**水の上昇温度は電流を流した時間に比例する**ので，電流を流す時間を2倍の10分間にしたとき，水の上昇温度も2倍の7.8℃になる。

❹ 電流と磁界

> **✔ 基本をチェック**
>
> ❶磁界 　　　　　　❷磁界の向き
> ❸磁力線 　　　　　❹強く
> ❺逆 　　　　　　　❻大きく
> ❼電磁誘導 　　　　❽直流
> ❾交流 　　　　　　❿ヘルツ

> **10点アップ！**
>
> **1** ❶B
> 　　❷C
> 　　❸ウ
> 　　❹ア
> **2** ❶ア，ウ
> 　　❷電磁誘導

> **📖 解説**
>
> **1** ❶1本の導線のまわりにできる磁界の向きは，電流の向きによって決まる。このときの「**磁界の向きと電流の向き**」の関係は，次の図のように「**ねじを回す向きとねじの進む向き**」の関係と同じである。

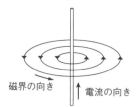
磁界の向き　↑電流の向き

回す向き　ねじの進む向き

❷コイルのまわりにできる磁界の向きは，電流の向きによって決まる。このときの「**コイルの内部の磁界の向きと電流の向き**」の関係は，次の図のように「**右手の親指の向きとほかの4本の指の向き**」の関係と同じである。

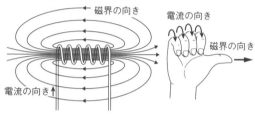
←磁界の向き　電流の向き　磁界の向き　電流の向き↑

❸導線やコイルを流れる電流の向きを逆にすると，磁界の向きも逆になる。

❹導線やコイルを流れる電流を大きくすると，磁界も強くなる。

2 ❶誘導電流の向きは，磁石の向きを逆にしたり，磁石を動かす向きを逆にしたりすると，逆になる。なお，コイルの中で磁石を静止させた場合は，コイルの中の磁界が変化しないので，電流は流れない。

❷コイルの内部の磁界が変化すると，コイルに電流を流そうとする電圧が生じる現象を，**電磁誘導**という。発電機に利用されている。